Die U-Bahn vom
Potsdamer Platz
nach Pankow

AF294536

edition·epilog·de

Liniennetz der Hochbahngesellschaft.
Erweiterungen 1913.
Stadion
Westend
Wilhelm platz
1913
(an Renntagen)
1908
1906
Reichskanzlerplatz
1902
1913
Kurfürstendamm
Wittenbergplatz
WILMERSDORFER BAHN
1913
1913
1915
SCHÖNEBERGER BAHN
Nollendorfplatz
1902
Haupt-
strasse
Gleisdreieck
DAHLEM
Rastatter
Platz
1913
Alexanderplatz
SCHÖNHAUSER ALLEE
1913
Nordring
Klosterstr
1913
FRANKFURTER ALLEE
1908
1916
Leipziger
Platz
Spittelmarkt
Warschauer Brücke
Hallesches Tor
1902
Zeichenerklärung.
im Betrieb.
Eigene Linien
im Bau und in Vorbereitung.
Anschlusslinien
Abb. 1.

Paul Wittig · Karl Bernhard · Gustav Kemmann
Albert Bernstein-Sawersky · Alfred Grenander

Die U-Bahn vom Potsdamer Platz nach Pankow

Zeitreisen zur Kultur + Technik
Herausgegeben von Ronald Hoppe
edition.epilog.de

Bibliografische Information der Deutschen Nationalbibliothek:
Die Deutsche Nationalbibliothek verzeichnet diese Publikation
in der Deutschen Nationalbibliografie; detaillierte bibliografische
Daten sind im Internet über http://dnb.dnb.de abrufbar.

Ausgewählt, redigiert und gestaltet von Ronald Hoppe
Verlag: BoD · Books on Demand GmbH, In de Tarpen 42, 22848 Norderstedt, bod@bod.de
Druck: Libri Plureos GmbH, Friedensallee 273, 22763 Hamburg

ISBN 978-3-7693-8917-3

Inhalt

Editorische Anmerkung

Da die Beiträge aus unterschiedlich Quellen stammen, waren gelegentliche Wiederholungen nicht zu vermeiden. Die Originaltexte wurden in die aktuelle Rechtschreibung umgesetzt und behutsam redigiert. Bei Längenangaben und anderen Maßen erfolgte gegebenenfalls eine Umrechnung in das metrische System.

Einige der im Text erwähnten Straßen und Bahnhöfe wurden umbenannt:

Bhf. Danziger Straße > Bhf. Eberswalder Straße
Bhf. Friedrichstraße > Bhf. Stadtmitte
Bhf. Inselbrücke > Bhf. Märkisches Museum
Bhf. Kaiserhof > Bhf. Mohrenstraße
Knie > Ernst-Reuter-Platz
Königgrätzer Straße > Stresemann- und Ebertstraße
Bhf. Leipziger Platz > Bhf. Potsdamer Platz
Mohrenstraße > Anton-Wilhelm-Amo-Straße [1]
Bhf. Nordring > Bhf. Schönhauser Allee
Reichskanzlerplatz > Theodor-Heuss-Platz
Bhf. Schönhauser Tor > Bhf. Rosa-Luxemburg-Platz
Bhf. Warschauer Brücke > Bhf. Warschauer Straße
Wilhelmplatz (Charlottenburg) > Richard-Wagner-Platz
Wilhelmplatz (Mitte) > *Aufgegeben*

— — —

Weitere Bänder der edition.epilog.de zur Geschichte und Entwicklung der Berliner Hoch- und Untergrundbahn:

Fritz Eiselen & Albert Hofmann:
Die elektrische Hoch- und Untergrundbahn in Berlin
(ISBN 978-3-7528-9695-4)

Friedrich Gerlach:
Die elektrische Untergrundbahn der Stadt Schöneberg
(ISBN 978-3-7519-1432-1)

Paul Wittig, Johannes Bousset, Gustav Kemmann & Alfred Grenander:
Die Untergrundbahn nach Dahlem und Westend
(ISBN 978-3-7578-8381-2)

---

1) Die Umbenennung war zum Zeitpunkt der Drucklegung noch nicht rechtskräftig.

Paul Wittig

Die Untergrundbahn vom Potsdamer Platz zum Spittelmarkt

Vortrag bei der Besichtigung der im Bau befindlichen Untergrundbahnstrecke Spittelmarkt – Kaiserhof durch den Verein für Eisenbahnkunde am 12. Mai 1908.

ANNALEN FÜR GEWERBE UND BAUWESEN • 15.8.1908

↑ Abb. 2. Der Untergrundbahnhof Leipziger Platz um 1910.

Abb. 3. Der Untergrundbahnhof Hausvogteiplatz um 1910.

Abb. 4. Untergrundbahnhof Spittelmarkt um 1910.

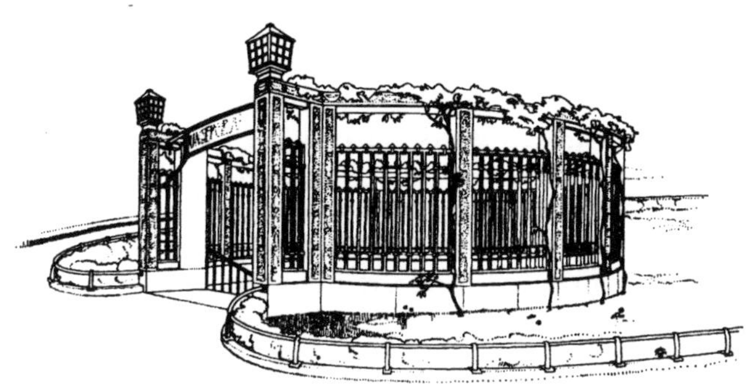

Die Untergrundbahn vom Leipziger Platz zum Spittelmarkt, deren Eröffnung zum Oktober 1908 in Aussicht
genommen ist, wird den Linien der Hochbahngesellschaft,
die bisher in der Hauptsache die südlichen und westlichen
Bezirke der Stadt durchfahren, den Weg in das Stadtinne-
re erschließen. Die Länge der Hoch- und Untergrundbahn
wächst dann mit dieser neuen Strecke auf nahezu 18 km.
Über die allmähliche Erweiterung des Schnellbahnnetzes
der Hochbahngesellschaft sei bemerkt, dass die Stammstrecke von der Warschauer Brücke nach dem Zoologischen
Garten mit der Abzweigung nach dem Potsdamer Platz in
einer Länge von 10,2 km am 25. März 1902 eröffnet wurde;
diese Strecke ist nach und nach in westlicher Richtung erweitert worden, und zwar am 14. Dezember 1902 bis zum
Knie mit 1,0 km, am 14. Mai 1906 bis zum Wilhelmplatz
mit 1,4 km und am 29. März 1908 von
der Haltestelle Bismarckstraße unter der
Döberitzer Heerstraße entlang bis zum
Reichskanzlerplatz mit 2,8 km Bahnlänge.

*↑ Abb. 5. Eingang zum
Untergrundbahnhof Kaiserhof
am Wilhelmplatz.*

Die Fortführung der Bahn in die Innenstadt beginnt, wie schon bemerkt, mit dem Linienabschnitt Leipziger Platz – Spittelmarkt *(Abb. 6)*, dem sich die Fortsetzung über den Alexanderplatz bis zur Schönhauser Allee anreihen wird; für diese Fortsetzung ist die staatliche Genehmigung bereits erteilt. Für eine Anschlusslinie vom Alexanderplatz durch die Frankfurter Allee ist sie beantragt. Nach Vollendung dieser Linien wird eine durchgehende Schnellbahnverbindung vom äußersten Westen Groß-Berlins quer durch die Innenstadt nach dem Norden und Osten Berlins vorhanden sein. Das Liniennetz mit seinen technischen Verkehrseinrichtungen wird so leistungsfähig ausgestaltet werden, dass es auch noch seitliche Zweige aufnehmen kann.

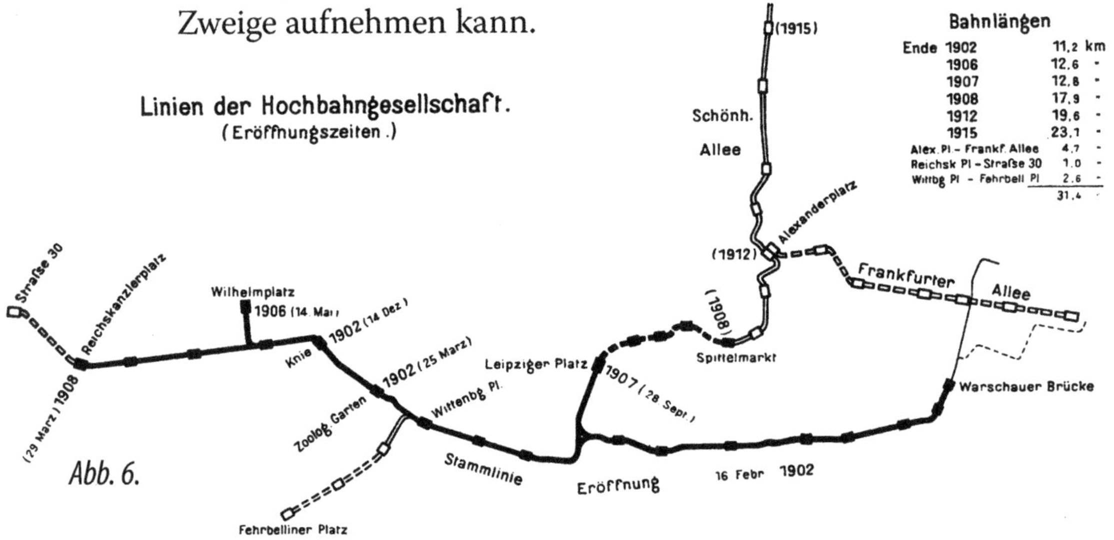

Die Untergrundbahn vom Leipziger Platz zum Spittelmarkt – die Spittelmarktlinie – ist als Einführungslinie in die Innenstadt der wichtigste, aber auch der schwierigste Teil des Bahnnetzes; schwierig ist sie in der Linienführung, in ihren wirtschaftlichen und rechtlichen Grundlagen und im technischen Ausbau. Selten wird auch wohl eine verhältnismäßig so kurze Bahnstrecke eine gleich wechselvolle Entstehungsgeschichte haben, wie diese Bahn. Was ihre Linienführung betrifft, so lag es begreiflicherweise am nächsten, den Weg durch die Leipziger Straße zu wählen. Ein seiner Zeit von der Firma **Siemens & Halske** bearbeiteter dahingehender Vorschlag wurde indessen in den Verhandlungen mit den Aufsichtsbehörden als unannehmbar

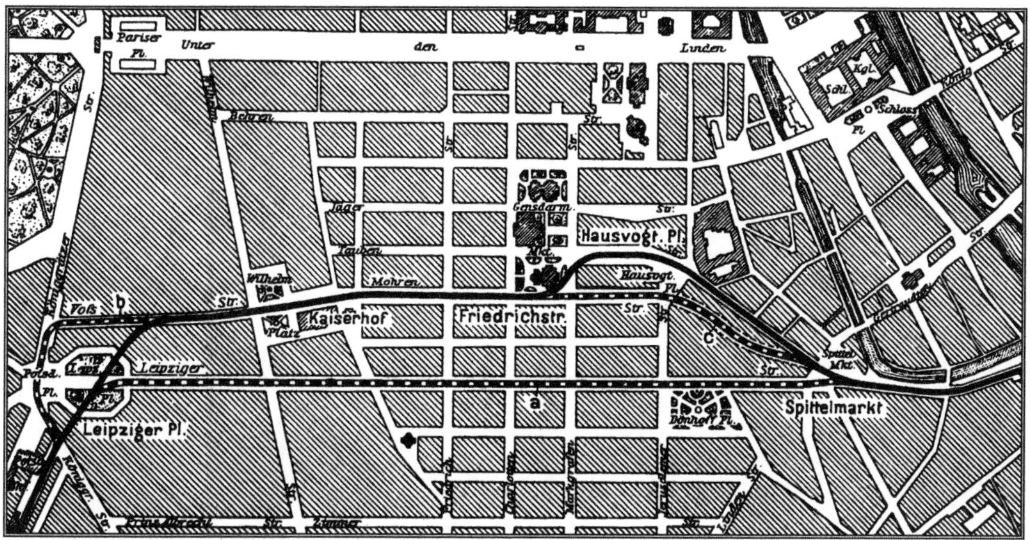

Abb. 7. Linienführung der Untergrundbahn Leipziger Platz – Spittelmarkt mit ihren Vorstadien.

angesehen *(Abb. 7a)*. Nach dem damaligen Stand der Tunnelbaukunst wurden einerseits unerträgliche Störungen des Straßenverkehrs befürchtet, anderseits wegen der Standfestigkeit der Häuser Besorgnisse gehegt, wenngleich die Firma **Siemens & Halske** sich erboten hatte, für die Ausführung eine besondere Baumethode unter Tage zur Anwendung zu bringen. Nach Ablehnung der Leipziger Straße blieb nur der Weg durch die Voß- und Mohrenstraße übrig. Aber gerade das Abbiegen aus der Leipziger Straße in die Parallelstraße und das Wiedereinschwenken in diesen Straßenzug am Spittelmarkt verursachten eine Reihe von Schwierigkeiten, die zeitweise fast unüberwindlich schienen.

Für die Überführung der Untergrundbahn von ihrem bisherigen Endpunkt an der Königgrätzer Straße in die Voßstraße wurde zunächst versucht, die öffentlichen Straßenzüge zu benutzen und die Bahn unter dem Potsdamer Platz hindurch in die Voßstraße einbiegen zu lassen. Diese Linienführung wurde aber wegen der Häufung enger Kurven und vor allem wegen der beim Bau zu erwartenden unerträglichen Verkehrsstörungen auf dem Potsdamer Platz aufgegeben. Gleichzeitig waren die verschiedensten Möglichkeiten untersucht worden, quer über den Leipziger Platz nach der Voßstraße zu gelangen. Seit 1901 ist wegen

Abb. 8.
Schnitt und Lageplan des Bahnhofs Leipziger Platz.

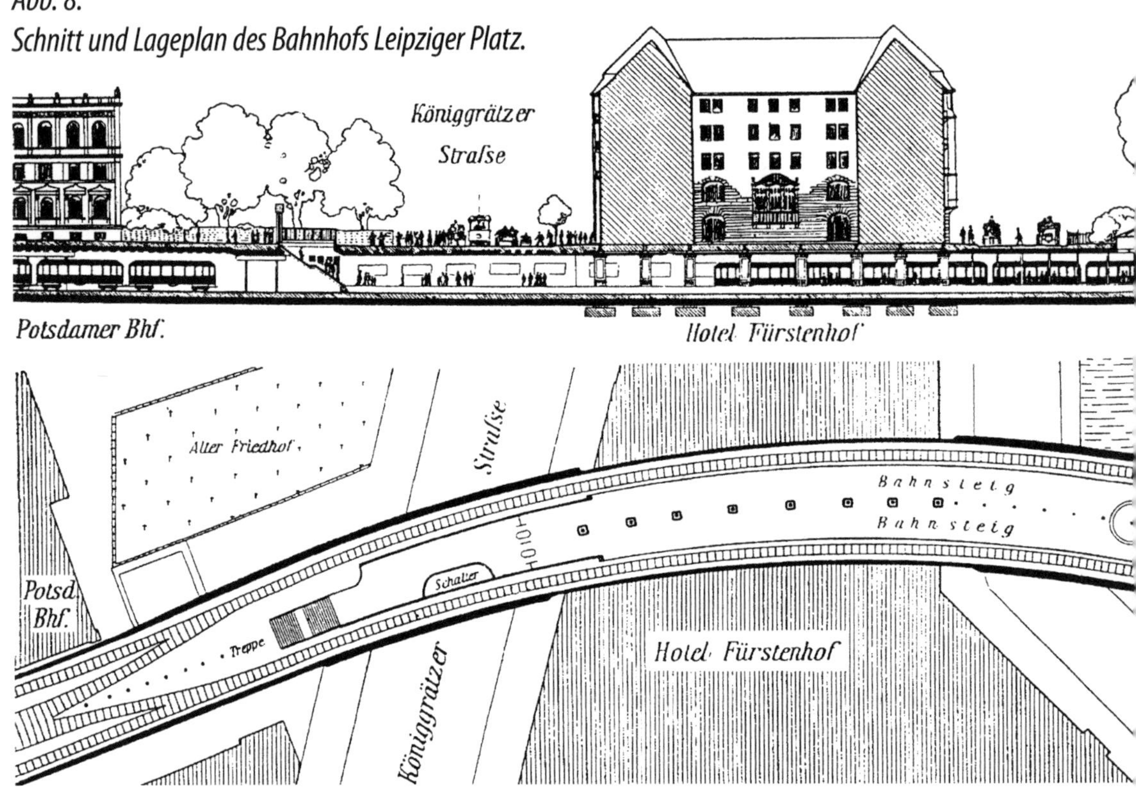

Durchführung der Bahn unter dem Grundstück des Reichsmarineamts verhandelt worden, jedoch ohne Erfolg, da der von dieser Behörde beabsichtigte Neubau in der Bellevuestraße vom Reichstag im Frühjahr 1903 abgelehnt wurde. Eine andere Möglichkeit ergab sich, als der Weg zur Voßstraße aus Anlass einer Erweiterung des Warenhauses Wertheim offengelegt wurde. In diesem

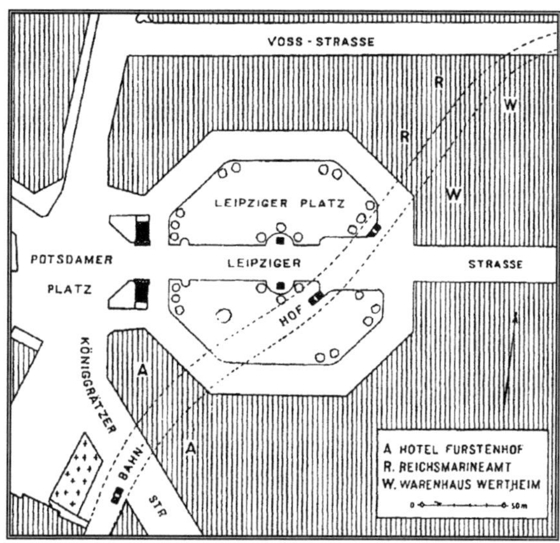

Abb. 9. Linienführung am Leipziger Platz.

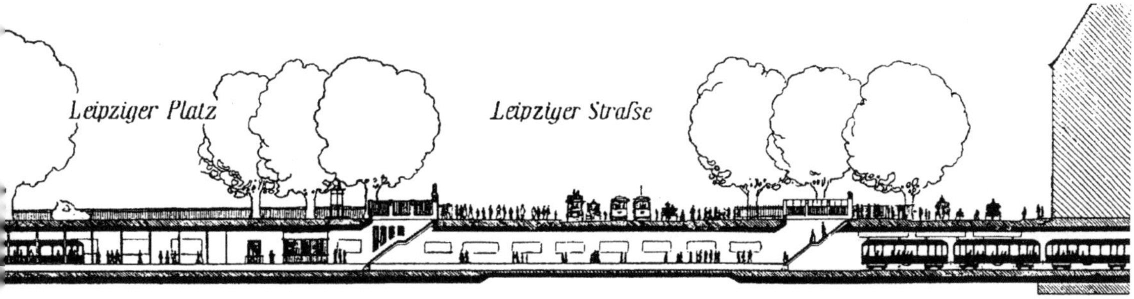

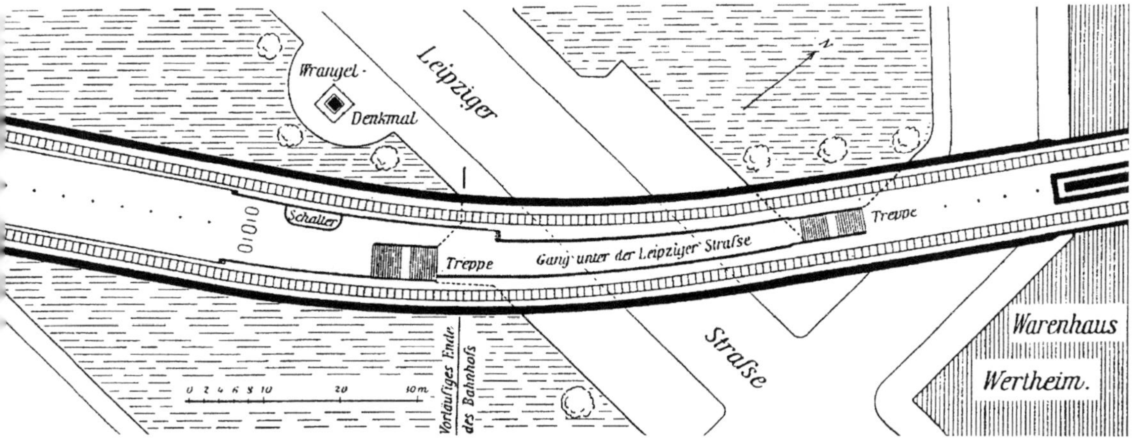

Erweiterungsbau ist dann, wie bekannt, ein Raum für die Durchlegung des Tunnels hergestellt und in dieser Durchfahrt auch der Tunnel zum größten Teil bei Herstellung des Neubaues mit ausgeführt worden; andere Teile des Tunnels liegen unter dem Reichsmarineamt, dessen Unterfahrung für diesen Zweck zurzeit im Bau ist.

So war also die Lösung für den Weg der Bahn vom Leipziger Platz in die Voßstraße gefunden; die Verlängerung von der Königgrätzer Straße bis zum Eintritt in den Leipziger Platz, d.h. der Durchbruch der Hauserreihe auf der Südseite des Leipziger Platzes schien anfangs keine besonderen Hindernisse zu bieten, doch stellte sich auch hier unerwartet eine große Schwierigkeit ein, als 1904 die ganze Häuserreihe zwischen der Königgrätzer Straße und dem Leipziger Platz von der Firma Aschinger für einen großen Hotelbau angekauft wurde. Es gelang indessen, mit der Aschingergesellschaft wegen Einbau des Bahnhofs ›Leipziger Platz‹ in den Neubau des *Hotel Fürstenhof* eine gütliche Einigung zu erreichen *(Abb. 8 u. 10)*. Ohne eine rechtzeitige Verständigung mit der Gesellschaft wäre der Weg über den Leipziger Platz wohl für alle Zeiten abgeschnitten gewesen.

Abb. 10. Durchfahrt unter dem Hotel Fürstenhof.

Abb. 11. Der Leipziger und
Potsdamer Platz um 1920.

Abb. 12. Der Eingang des ›alten‹
Untergrundbahnhof Potsdamer Platz
vor dem Potsdamer Bahnhof. Dieser 1902
eröffnete U-Bahnhof wurde 1907 wieder
geschlossen und durch den neuen Bahnhof unter dem Leipziger Platz ersetzt.

Abb. 13. Eröffnung des Untergrundbahnhof Potsdamer Platz 1902.

Abb. 14. Untergrundbahnhof Potsdamer Platz.

Abb. 15. Der Untergrundbahnhof Leipziger Platz um 1910.

Abb. 16. Ein Zug Richtung Wilhelmplatz in Charlottenburg unter dem Leipziger Platz.

Abb. 17. Das Potsdamer Tor, das Hotel Fürstenhof, Haus Vaterland,
der Potsdamer Bahnhof und das Pschorrhaus am Potsdamer Platz in Berlin um 1913.

Abb. 18. Der Potsdamer Platz um 1925

Nicht ohne Besorgnis ist die Hochbahngesellschaft an die Untertunnelung so großer und wertvoller Häuser herangetreten. Störungen durch den Bahnbetrieb würden ihr die Last dauernder Entschädigungen zugezogen haben. Sichere Erfahrungen über derartige Ausführungen unter ähnlichen Verhältnissen lagen nicht vor. Um das Bestmögliche zu erreichen, ist der Tunnel von allen Hauskonstruktionen völlig getrennt gehalten und die neben dem Tunnel herlaufenden Hausfundamente sind tief unter die Tunnelsohle hinabgeführt worden. Diese Ausführungsweise hat ein sehr befriedigendes Ergebnis geliefert; durch sorgfältige Beobachtungen ist festgestellt, dass der seit Oktober 1907 eröffnete Bahnbetrieb unter dem Hotel Fürstenhof im Haus keinerlei Störung durch Übertragung von Betriebsgeräusch verursacht.

Alle diese mit großen Kosten verbundenen Vorbereitungen für die Einlenkung der Bahn in die Voßstraße waren für die Hochbahngesellschaft ein Wagnis insofern, als die Erfolge der mit der Stadtgemeinde Berlin geführten Verhandlungen wegen der Genehmigung der Spittelmarktlinie noch keineswegs sicher waren. Im Gegenteil: die Stadtgemeinde befand sich gar nicht in der Lage, uns die Ausführung zuzusichern, weil von der Großen Berliner Straßenbahn gegen diese Untergrundlinie der Konkurrenzeinwand erhoben worden war. Die Feststellungsklage, welche am 8. Februar 1904 von der Stadt dagegen erhoben wurde, musste durch alle drei Instanzen geführt werden, bis schließlich durch Reichsgerichtserkenntnis vom 10. Juli 1905 der Prozess zu Gunsten unserer Linie entschieden wurde.

So viel von den Schwierigkeiten, die mit dem Übergang der Linie in die Voßstraße verknüpft waren.

Die Hindernisse auf der Endstrecke der Linie, welche sich dem Wiedereinbiegen der Bahn in den Zug der Leipziger

Straße am Spittelmarkt entgegenstellten, hingen damit zusammen, dass der Straßenzug der Voß- und Mohrenstraße am Hausvoigteiplatz abbricht. Verschiedene Lösungen für die Führung dieser Endstrecke wurden versucht. Zunächst kam eine Durchbrechung des Häuserblocks im Zuge des

Abb. 19. Innenansicht des Bahnhof Leipziger Platz.

grünen Grabens in Frage, später wurde über die Durchlegung einer Straße vom Hausvoigteiplatz zum Spittelmarkt verhandelt *(vgl. Abb. 7c)*, auch die Herstellung einer Rampe in diesem Häuserblock und die Weiterführung der Bahn als Hochbahn über den Spittelmarkt und die beiden Wasserläufe der Spree hinweg eingehend erwogen. Alle diese Vorschläge scheiterten, und zwar in erster Linie an der Höhe der Kosten. Ein zufälliger Umstand führte zur endgültigen Lösung; während die Verhand-

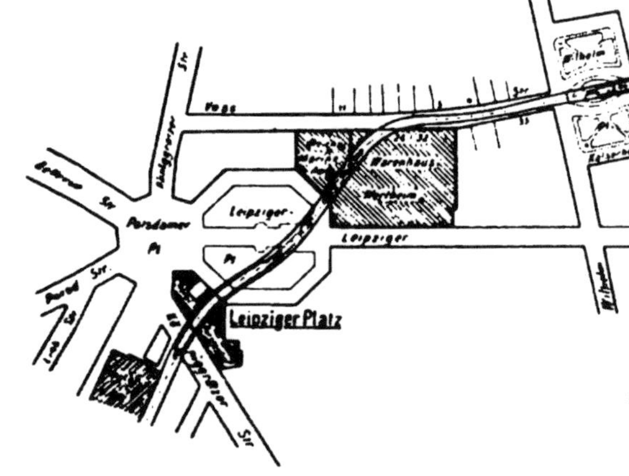

lungen mit der Stadt über den Vertrag schwebten, wurde im Jahr 1905 das südliche Eckhaus an der Markgrafen- und Taubenstraße abgerissen. Die Hochbahngesellschaft trat sogleich mit dem Besitzer wegen Durchführung der Bahn durch dieses Grundstück in Verhandlung, um über dieses den Weg zur Taubenstraße und damit durch die allerdings sehr enge Niederwallstraße zum Spittelmarkt zu gewinnen. Auch diese Verhandlungen führten zum Ziel. Aber es trat insofern wieder eine Erschwerung ein, als der Besitzer des Hauses den Einbau des Bahntunnels nicht abwarten konnte, sondern genötigt war, wegen bereits geschlossener Mietverträge den Bau ohne Verzug fertigzustellen. So musste dieses große Geschäftshaus, nachdem es eben fertiggestellt war, neu abgesteift, im Kellergeschoss wieder gänzlich umgebaut und für die Unterfahrung des Tunnels eingerichtet werden *(s. S. 37)*.

Die Schlussstrecke in der engen Niederwallstraße zeigt eine Ausführungsweise, die bisher in Berlin zum ersten Mal

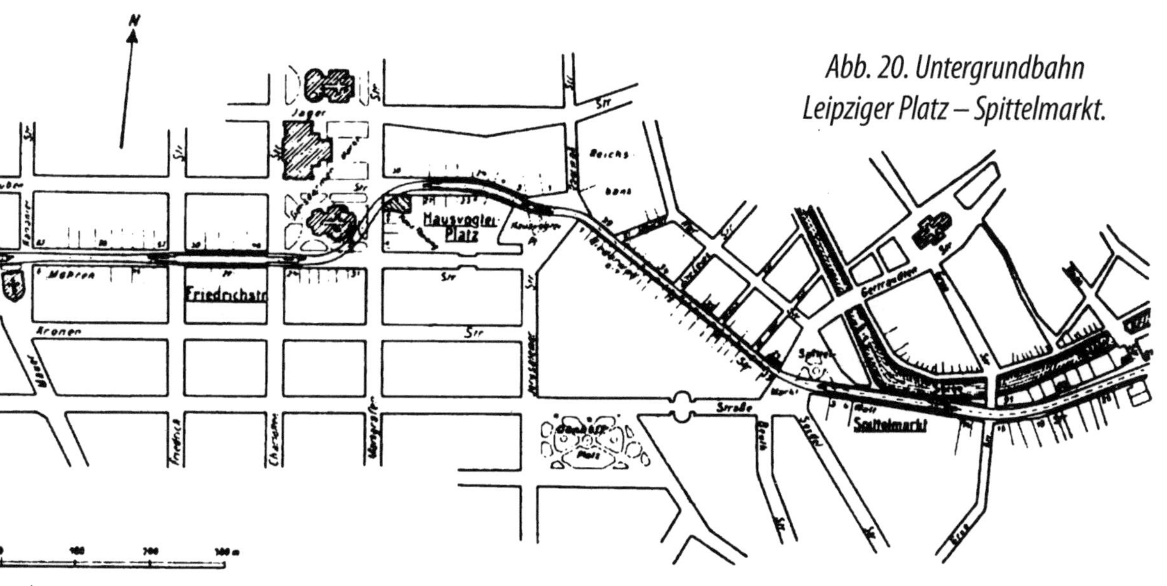

Abb. 20. Untergrundbahn Leipziger Platz – Spittelmarkt.

zur Anwendung gekommen ist *(Abb. 21)*. Die Tunnelsohle reicht tief unter die dicht neben der Bahn stehenden Häuser hinab, ohne dass deren Fundamente unterfahren worden wären. Nichtsdestoweniger haben die Gebäude infolge des Bauvorganges erhebliche Nachteile nicht erlitten. Die Ausführung ist, wie in allen belebten Straßen, unter einer Abdeckung von Holzbohlen erfolgt, so dass der Verkehr in der Straße nicht unterbrochen zu werden brauchte.

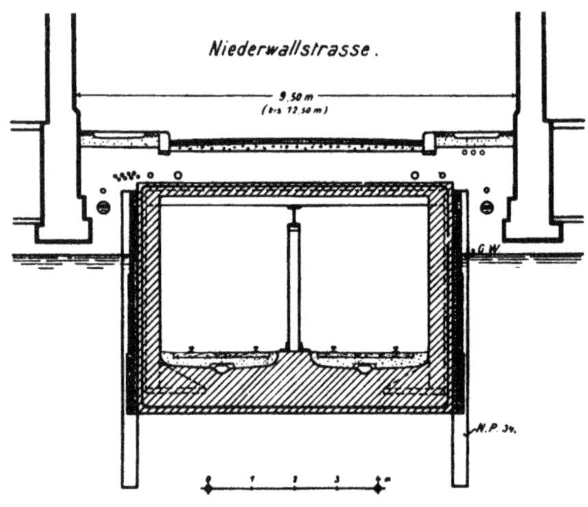

Abb. 21. Querschnitt durch den Tunnel in der Niederwallstraße.

In der Entwicklungsgeschichte der Spittelmarktlinie spiegelt sich so auch zum Teil die Entwicklung der Tiefbautechnik. Wenn heute unter Würdigung der Fortschritte, die im letzten Jahrzehnt bei den Tunnelbauten der Hochbahngesellschaft gemacht worden sind, wohl gesagt wird, dass die Technik Schwierigkeiten auf diesem Gebiet nicht mehr kenne, so darf dabei allerdings bei Unternehmungen, die einen wirtschaftlichen Zweck verfolgen, also auch eine angemessene Rente bringen sollen, nicht übersehen werden, dass die Betätigung dieses großen technischen Könnens auf der anderen Seite leicht mit unerschwinglichen Kosten verbunden sein kann. Die kilometrischen Kosten der Spittelmarktlinie werden sich einschließlich der Betriebsausrüstung auf etwa 10 Mill. Mark[1] stellen. Wenn wir uns dennoch nicht gescheut haben, diese gewaltigen Kosten aufzuwenden, so ist das geschehen im Hinblick darauf, dass

---

[1] rd. 75 Mill. € in 2023.

an dieser Stelle ein entsprechender Verkehr vorhanden sei; den Entschließungen sind natürlich sehr eingehende Verkehrsermittlungen vorangegangen.

Was nun die Plangestaltung und technische Ausbildung der Spittelmarktlinie *(Abb. 20)* anlangt, so unterscheidet sie sich von den bisherigen Strecken dadurch, dass statt der seither verwendeten Seitenbahnsteige Mittelbahnsteige eingeführt wurden. Der Vorteil liegt auf der Hand; es ergeben sich Vereinfachungen sowohl in der baulichen Anlage als auch in der Abwicklung des Betriebsdienstes und des Verkehrs. Die Bahnhöfe werden an beiden Enden Eingänge erhalten, die natürlich in der Straße liegen müssen. Stellenweise sind, damit die Eingänge möglichst wenig Straßenfläche einnehmen, doppelte Zugangstreppen angeordnet worden, von denen die innere von den zugehenden, die äußere von den abgehenden Reisenden benutzt wird.

Auf den bereits eröffneten Bahnhof ›Leipziger Platz‹ *(Abb. 19)* folgen die Stationen:

- ›Kaiserhof‹, zwischen Wilhelm- und Mauerstraße
- ›Friedrichstraße‹, zwischen Friedrich- und Charlottenstraße
- ›Hausvogteiplatz‹, zwischen Markgrafenstraße und Hausvogteiplatz
- ›Spittelmarkt‹, zwischen Spittelmarkt und Neue Grünstraße

Im Zusammenhang mit dem Bau des Bahnhofs ›Kaiserhof‹ erhält der Wilhelmplatz eine für den Verkehr wichtige Umgestaltung dadurch, dass nunmehr der Straßenzug der Mohrenstraße zur Voßstraße durchgeführt wird, wobei er eine auf dem Platz liegende ovale Mittelinsel umschließt. Auf dieser liegt inmitten von Gartenanlagen der Eingang

Abb. 22. Eingangsportal des Untergrundbahnhof Kaiserhof um 1915.

Abb. 23. Das Hotel Kaiserhof hinter dem Eingang zur Untergrundbahn am Wilhelmplatz.

Abb. 24. Östlicher Eingang zum Untergrundbahnhof Kaiserhof.

Abb. 25. Eingangsportale des Untergrundbahnhof Friedrichstraße um 1910.

Abb. 26. Eingangshäuschen des Untergrundbahnhof Hausvogteiplatz um 1910.

Abb. 27. Der Untergrundbahnhof Hausvogteiplatz um 1930.

Abb. 28. Eingang zum Untergrundbahnhof Hausvogteiplatz um 1935.

Abb. 29. Eingang zum Untergrundbahnhof Spittelmarkt um 1910.

Abb. 30. Der Untergrundbahnhof Spittelmarkt um 1910. Rechts die Fenster zur Spree.

zur Haltestelle, der eine reichere architektonische Ausgestaltung erhalten wird *(Abb. 5)*; der Vorraum wird mit Majoliken aus den Kaiserlichen Werkstätten in Cadinen ausgekleidet. Alle übrigen Eingangstreppen der Haltestellen werden mit portalartigen Eingängen aus Schmiedeeisen von durchweg gleicher Ausbildung versehen, die einheitlich auch für alle Verlängerungslinien Verwendung finden wird. Die Innenwände der Bahnhöfe werden mit glasierten Steinen bekleidet und mit farbigen Einlagen versehen, die die Orientierung erleichtern sollen. Die Wände des Bahnhofes Leipziger Platz erhielten grüne Farbeneinlagen; für den Bahnhof Kaiserhof ist Schwarz, für Friedrichstraße rot, für Hausvogteiplatz gelb und für Spittelmarkt blau gewählt worden. Der letztgenannten Station, die unmittelbar an der Kaimauer des Spreelaufs liegt, wird durch seitliche

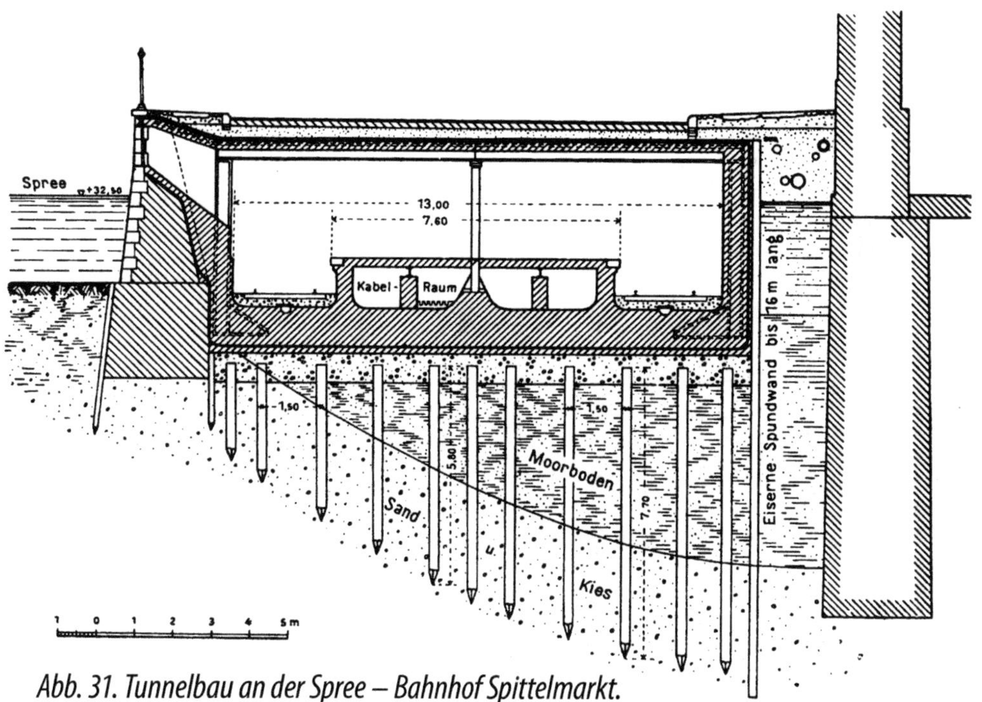

Abb. 31. Tunnelbau an der Spree – Bahnhof Spittelmarkt.

Fenster, die oberhalb der Kaimauer liegen, direkte Beleuchtung und Lüftung zugeführt *(Abb. 31)*.

Bei wichtigeren Straßenkreuzungen ist durch Eiseneinlagen in der Tunnelsohle, bei einigen auch noch durch große Gitterträger, die in die Seitenwände eingebaut sind, dafür gesorgt worden, dass eine spätere Untertunnelung der Bahn durch unterkreuzende Linien erleichtert wird. Die Stadt Berlin hat sich derartige Vorkehrungen in der Markgrafenstraße und Friedrichstraße *(Abb. 32)* ausbedungen. In der Leipziger Straße sind ähnliche Einbauten für den Tunnel der Straßenbahn vorgesehen worden.

Die Bearbeitung der Projekte und die Leitung des Baues der Spittelmarktlinie haben die Hochbahngesellschaft und die Firma **Siemens & Halske** gemeinsam bewirkt; die Tunnelausführung wurde der **Gesellschaft für den Bau von Untergrundbahnen** übertragen, die architektonische Ausbildung lag in der Hand von Professor Grenander.

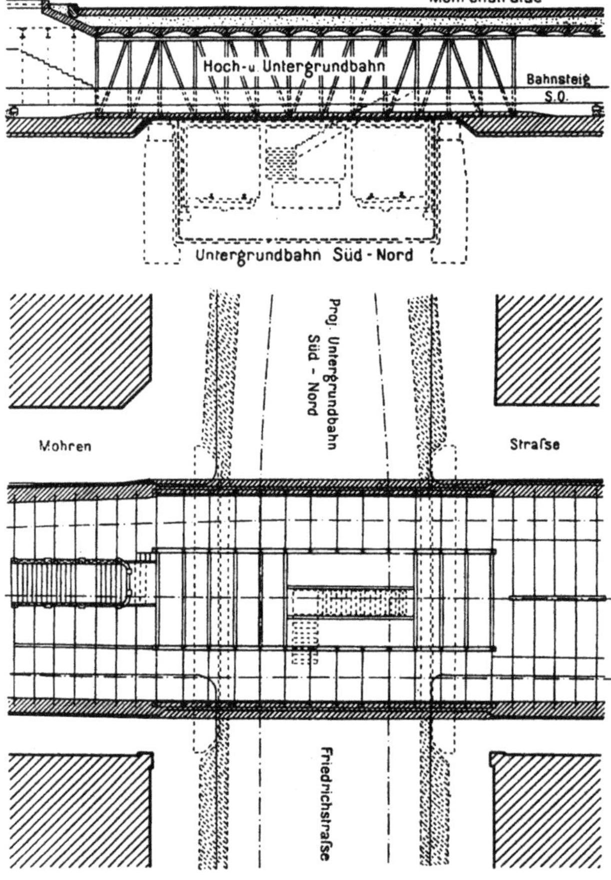

Abb. 32. Vorbereitungen in der Friedrichstraße für die Unterkreuzung durch die Süd-Nord-Bahn.

Albert Bernstein-Sawersky

Die Baustellen der Untergrundbahn vom Potsdamer Platz zum Spittelmarkt

BERLINER LEBEN • FEBRUAR 1907

↑ *Abb. 33. Aufstellen der Eisenkonstruktion für die Tunnelstrecke am Leipziger Platz.*

Die aktuelle Frage des Berliner Straßenverkehrs wird bei dem immensen Wachstum der Stadt kaum je gelöst werden, aber Einiges wird sie doch an ihrer Aktualität verlieren, wenn die Untergrundbahn ihre Linien erst noch etwas weiter ausgedehnt hat. Und das wird bald kommen. Während der großstädtische Straßenverkehr über den Leipziger Platz und Spittelmarkt flutet, ist unter der Erdoberfläche ein Heer von Arbeitern mit dem Bau der neuen Siemensschen Untergrundbahn beschäftigt, die als Verlängerung vom Potsdamer Platz nach dem Herzen des Berliner Geschäftslebens, dem Spittelmarkt, führen soll. Unsere Bilder zeigen verschiedene Studien der Arbeiten auf beiden im Herbst 1906 in Angriff genommenen Baustellen.

Abb. 34. Tunnel unter dem Neubau Aschinger am Leipziger Platz.
Herstellung der Seitenwände.

Abb. 35. Tunnel unter dem Neubau Aschinger.
Betonieren der Sohle und Umwickelung der eisernen Stützen.

Abb. 36. Tunnel unter der Königgrätzer Straße. Die letzten Ausschachtungsarbeiten.

Auf dem Leipziger Platz sind die Arbeiten am weitesten gediehen. Unter ihm liegt die neue Haltestelle ›*Potsdamer Platz*‹, die demnächst an Stelle des alten Endbahnhofes der vorhandenen Untergrundstrecke treten soll. Hier ist man augenblicklich mit der Aufstellung der Eisenkonstruktion und Betonierung der Tunneldecke beschäftigt, während gleichzeitig unter dem Neubau von Aschinger nach Fertigstellung der Tunnelwände die letzte Hand an die Fertigstellung des Rohbaues der Haltestelle gelegt wird. Unter der Königgrätzer Straße, wo noch vor kurzem ein großer städtischer Kanal die Arbeiten hinderte, wird jetzt der Anschluss des neuen Tunnels an den alten Bahnhof ›*Potsdamer Platz*‹ hergestellt.

Abb. 37. Tunnel unter der Königgrätzer Straße.
Durchbruch nach dem alten Bahnhof Potsdamer Platz.

Abb. 38. Ausschachten des Bodens am Spittelmarkt.

Abb. 39. Tunnel am Spittelmarkt – Legen des Feldbahngleises.

In der Wallstraße und am Spittelmarkt hat man zunächst die gepflasterte Straßenfahrbahn durch eine auf eisernen Trägern und Pfosten ruhende Holzdecke ersetzt, unter deren Schutze die Ausschachtungsarbeiten vorgenommen werden. Die zu entfernenden Erdmassen werden auf Feldbahngleisen bis an die Spree geschafft, dort gehoben und in bereitstehende Kähne gekippt. Vor kurzem ist die gleich allen Baumaschinen elektrisch angetriebene Pumpenlage fertiggestellt und der Grundwasserstand so weit gesenkt worden, dass die Ausschachtung bis zur erforderlichen Tiefe erfolgen kann.

Wenn auch noch viele Schwierigkeiten zu überwinden sein werden, so ist nach dem jeweiligen Stand der Arbeiten doch zu erwarten, dass die Inbetriebnahme der ganzen Strecke noch vor dem von den Aufsichtsbehörden festgesetzten Zeitpunkt erfolgen kann. ❐

Abb. 40. Pumpenanlage in der Baugrube am Spittelmarkt.

Karl Bernhard

Untertunnelung eines bewohnten Geschäftshauses

ZENTRALBLATT DER BAUVERWALTUNG • 24.11.1906

↑ Abb. 41. Geschäftshaus am Gendarmenmarkt.

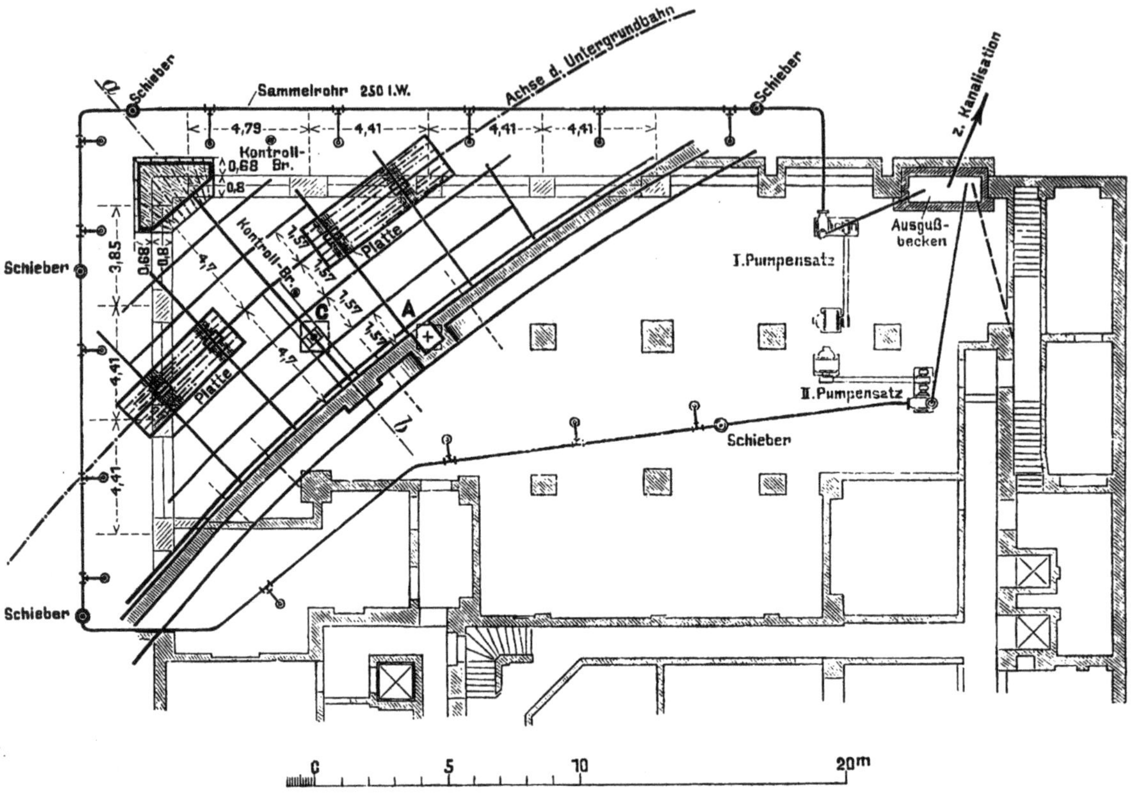

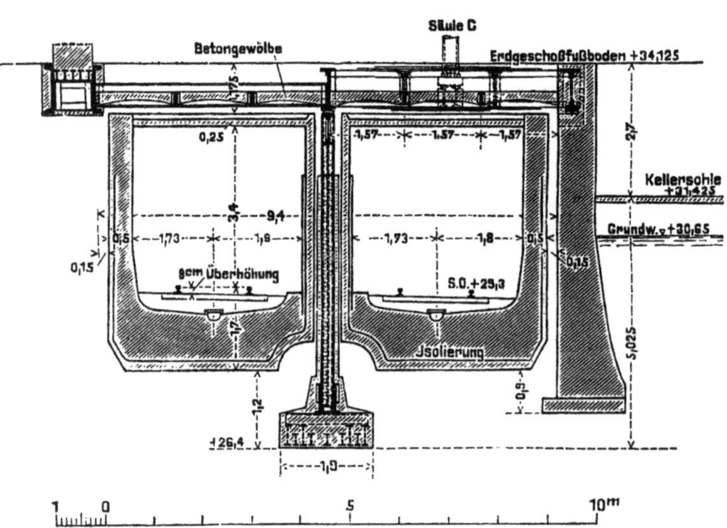

Abb. 42. Grundriss.

Abb. 43.
Querschnitt durch
den Tunnel.

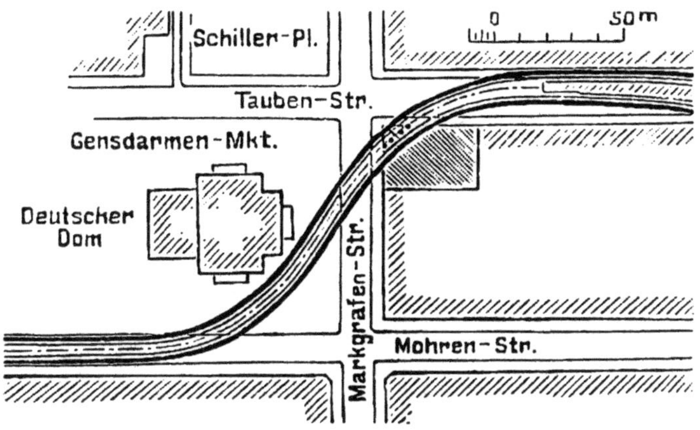

Die Fortsetzung der Berliner Untergrundbahn vom Potsdamer Platz nach dem Spittelmarkt sollte ursprünglich nach Durchquerung des Leipziger Platzes ganz durch die Mohrenstraße geführt werden. Das hätte die Durchbrechung des Häuserblockes nach der Niederwallstraße bedingt. Mit Rücksicht auf die kostspieligen Grundstückerwerbungen wurde wie bekannt diese Linienführung dahin abgeändert, dass die Bahn, am Gendarmenmarkt aus der Mohrenstraße kommend, von der Markgrafenstraße aus mit 80 m Halbmesser in die Taubenstraße einbiegt *(Abb. 44)*. Hierdurch entstand die eigenartige Aufgabe, das an der Ecke Markgrafen- und Taubenstraße kürzlich errichtete Geschäftshaus des Architekten Theising *(Abb. 41)* nachträglich mit dem Tunnel zu unterfahren, und zwar im Gegensatz zu den Neubauten des Hotels Aschinger am Potsdamer Platz und der Erweiterung des Wertheimschen Warenhauses am Leipziger Platz, wo die Tunnelanlagen gleich bei der Gründung der Bauten vorgesehen waren, hier aber unter ein fertiges, in voller Benutzung befindliches Gebäude eingebaut werden mussten. Zu dem Zweck waren das Kellergeschoss

↑ Abb. 44. Lageplan.

und die Grundmauern des Hauses entsprechend umzubauen. oder zu unterfangen und zu unterfahren. Die Achsteilung beträgt im allgemeinen rund 4,30 m. Große Fenster und reiche Sandsteinverblendung, an der Ecke schwere Erker und Giebelaufbauten, eiserne Stützen, Steindecken ohne gemauerte versteifende Zwischenwände kennzeichnen die Bauart des Hauses. *Abb. 42* gibt den Grundriss der in Frage kommenden Ecke des Hauses wieder mit der Lage der Untergrundbahn und der erforderlichen Umbauten, *Abb. 43* einen Querschnitt, welcher den Einbau des zweigleisigen Tunnels im Gebäudeinneren zeigt und die daraus erforderliche Art der Umbauten. Die neuen Grundmauern in der Nähe der Untergrundbahn mussten 0,9 m an den Seiten und 1,2 m an den Mittelstützen tiefer gelegt werden als die entsprechenden Tunnelfundamente, um Übertragung von Geräuschen und Erschütterungen durch den Bahnbetrieb auf das Gebäude zu vermeiden. Aus demselben Grund wurde die Hauskonstruktion in völlige Unabhängigkeit von der Tunnelkonstruktion gebracht. Der Fußboden über dem Tunnel, Kappengewölbe mit Kiesauffüllung, ist 1 m stark. Unter dem Eckpfeiler des Hauses war ein hinreichend starker und tiefer Pfeiler zu errichten, um nicht allein die Ecke des Hauses weiter zu tragen, sondern auch zum Teil die Lasten der übrigen Frontpfeiler und der Kellerdecke. Eine Verstärkung außerhalb der Baufluchten war selbstverständlich ausgeschlossen. Die Untergrundbahn musste deshalb so weit in das Hausinnere gerückt werden, dass dieser einzige Stützpunkt des Hauses auf der einen Tunnelseite die erforderliche Abmessung erhalten konnte. Auf der anderen Seite war eine der Bahnkrümmung folgende Stützmauer zu errichten, auf welcher die Haussäule *A (Abb. 42)* unmittelbar zu stehen kam. Ferner war der mangelnden Bauhöhe wegen die Anordnung von Zwischenstützen notwendig, und zwar je einer unter den Frontmauern und zwei im Hausinneren, im ganzen also vier, die durch Mittel-Unterzüge verspannt waren, um die Kappenträger der Decke, vor allem die Träger zur Abfangung der Haussäule *C (Abb. 42 u. 43)* zu tragen. Diese eisernen Mittelstützen, welche nicht mehr als 35 cm mit Einschluss der Ummantelung aus Zement in der Quere messen durften, sind zu je zweien auf gemeinschaftlicher Grundplatte aus Trägerrost in Betonumhüllung gestellt. Von den Frontpfeilern steht der äußerste in der Taubenstraße auf der begrenzenden Stützmauer, die übrigen drei auf Zwillingsträgern nach *Abb. 43.* Auch drei Frontpfeiler an der Markgrafenstraße stehen in gleicher Weise auf Zwillingsträgern, die aus statischen Gründen und der Aufstellung wegen schwebende Stöße erhalten haben. Der innere Träger dieser Zwillingsträger hatte außerdem die schief eingewinkelten Kappenträger zu tragen. Auch die Mittelunterzüge sind schief eingewinkelt. Wie aus den dargestellten Einzelheiten *(Abb. 43)* hervorgeht, ist von vornherein bei der Entwurfsbearbeitung des eisernen Tragwerks auf möglichste Erleichterung der schwierigen Aufstellungsarbeiten Rücksicht genommen.

Die Senkung des Grundwassers

Da die tiefsten Grundmauern 4,5 m unter der bestehenden Kellersohle oder rd. 4 m unter den bestehenden Pfeilerfundamenten und dem natürlichen Grundwasser zu liegen kommen sollten, so war nur ein Arbeitsvorgang statthaft, der nicht die geringste Bodenbewegung zur Folge hat. Nur Bauarten konnten in Frage kommen, bei denen der aus dem Boden entnommene Erdkörper auch unter Wasser ohne geringste Raumveränderung sofort durch einen wi-

derstandsfähigen Körper von gleichem Inhalt ersetzt wird
und auch ein nachträgliches Eindringen von Teilen aus dem
benachbarten Erdreich ausgeschlossen war, damit jegliche
Senkung der schwer belasteten Stützen ausbleibt. Dass allein die Senkung des Grundwassers und Herstellung der
Baugruben im Trocknen am sichersten zum Ziel führte,
konnte nicht zweifelhaft sein. Wegen der oft ausgesprochenen Befürchtungen, die Senkung des Grundwassers würde
eine Zusammendrückung des Baugrundes und Senkung
der Grundmauern nach sich ziehen, seien anhand der angestellten Beobachtungen und erzielten Erfahrungen die
Vorzüge dieser Bauart nachstehend beleuchtet. Kein anderer Boden ist für diese Bauart so geeignet wie unser märkischer Sand. In den Sandablagerungen unter Wasser liegen
die einzelnen Körner so fest aufeinander gepresst, wie bei
ihrer Form und Größe überhaupt nur möglich ist. Nur in
den Poren befinden sich das Wasser und feinste Teile, die an
der Druckübertragung und Raumausfüllung nicht teilnehmen. Hierfür spricht die Erfahrung. Es sei nur darauf hingewiesen, dass die regelmäßigen Grundwasserschwankungen an sich den ältesten Bauwerken nie geschadet haben.
Infolge der Anschwellungen des Rheines bei Köln, der Elbe
bei Dresden sind die durch Rückstau entstehenden Grundwasserschwankungen erheblich größer als die, welche bei
der künstlichen Wasserspiegelsenkung zur Trockenhaltung von Baugruben wie hier in Frage kommen. Und doch
hat jahrhundertelang dieses Auf und Ab unter dem Kölner
Dom und der Dresdner Hofkirche stattgefunden und den
Bauwerken nichts geschadet. Beim Bau der Untergrundbahn hat die Senkung des Grundwassers in 5 m Abstand
von den Pfeilern der Kaiser-Wilhelm-Gedächtniskirche in
Charlottenburg sich als notwendig erwiesen, ohne dass sich
irgendwelche Schäden an der Kirche herausgestellt haben.

Dagegen sind mir Fälle in Berlin bekannt, wo infolge mangelhafter Pumpenanlagen eine Unterspülung benachbarter Grundmauern durch Abfluss in die tiefere trockengelegte Baugrube stattgefunden hat.

Die folgenden Vorsichtsmaßregeln, die sich auch im vorliegenden Falle bewährt haben, sind zu treffen:

1. In der Nähe von höheren Bauwerkfundamenten müssen die tieferen Baugruben dicht und unnachgiebig umschlossen werden, damit beim Versagen der Maschinenanlage mit dem möglicherweise in die Baugrube eintretenden Wasser kein Körnchen Sand mitgeführt werden kann.

2. Hilfspumpen müssen bereitstehen, um Rückströmungen nach der Baugrube durch Ansteigen des Wassers unmöglich zu machen.

3. Es empfiehlt sich, inmitten des Bauplatzes Kontrollbrunnen anzulegen. Sie sollen vor Inangriffnahme der Erdarbeiten unter dem natürlichen Grundwasserstand die Wirkung der Wasserspiegelsenkungsanlage feststellen, da eine sichere Vorausbestimmung des Gelingens der beabsichtigten Senkung nicht immer möglich ist und längere Umbauten der Maschinenanlage recht verhängnisvoll werden könnten.

4. Vor Inangriffnahme aller Arbeiten muss durch Bohrung festgestellt werden, dass die Untergrundverhältnisse für die Wasserspiegelsenkung günstig sind, dass ohne Schwierigkeiten die Sauger in die gröberen kiesigen Schichten hinabgeführt werden können, dass man nicht etwa auf Tonschichten stößt, die die Wasserspiegelsenkung erschweren und nötigenfalls durchstoßen werden müssen. Man muss sich namentlich in der ersten Zeit davon überzeugen, dass die gehobenen Wassermassen keinen Sand mitführen.

Um festzustellen, dass die Gefahr einer Veränderung der Lagerungsverhältnisse im Baugrunde unter dem Gebäude aus diesem Grund ausgeschlossen sei, wurden Wasserproben zur Untersuchung übergeben. Hier wurden die Gesamtgewichte der mineralischen Schwebe- oder abgelagerten Stoffe ermittelt. Die Untersuchungen ergaben, dass $1\,m^3$ Wasser im Mittel einen Gehalt an mineralischen Stoffen insgesamt von 2,71 g, an reinem Sand von 1,21 g enthielt. Wie unten festgestellt, sind höchstens 40 l/s geschöpft worden, also in 60 Arbeitstagen die Höchstleistung $21\,000\,m^3$ Wasser. Demnach sind an festen Stoffen im Mittel $0,235\,m^3$ und an reinem Sand $0,102\,m^3$ im ganzen dem Boden entzogen, d. h. bei gleichmäßiger Entziehung aus dem mittleren Teil des Absenkungsgebietes von rd. $4050\,m^2$ Grundfläche eine Masse, die einer Schicht von kaum 0,1 mm Höhe entspricht. Hierbei berücksichtige man, dass die wirkliche Gesamtleistung an Wasserförderung geringer war, als in der Rechnung angenommen. Diese Teilchen können allenfalls in den Poren zwischen den festgelagerten Sandkörnern geschwommen haben. Bei einer der Bodenart entsprechenden Filterfeinheit ist also jegliche Bodenbewegung durch das Auspumpen von Wasser als ausgeschlossen anzusehen.

Zur Durchführung der Wasserspiegelsenkung waren 14 Saugbrunnen in etwa 4–5 m Abstand und ringförmiger Anordnung um den Bauplatz gesenkt *(Abb. 42)*. Jedes Saug-

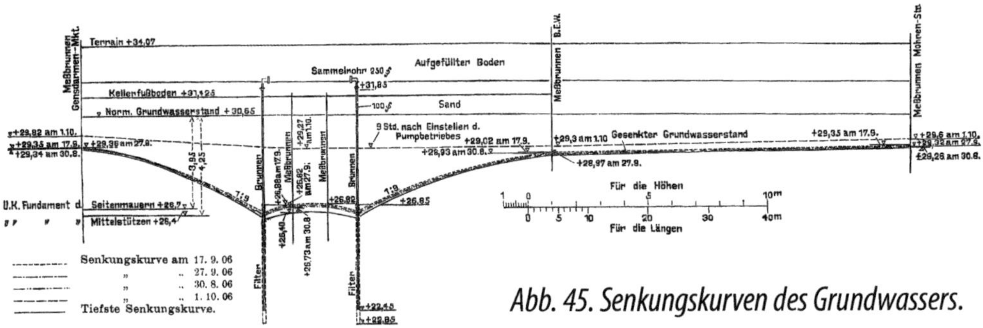

Abb. 45. Senkungskurven des Grundwassers.

rohr hatte 104 mm lichte Weite und stand rd. 4 m unter der tiefsten Fundamentsohle. Die Filter von 160 – 200 mm Durchmesser ragten noch 0,5 m tiefer in den Untergrund. Eine Sammelleitung von 250 mm lichter Weite führte von den einzelnen Brunnen zu den Pumpen. Zwei Kreiselpumpen, angetrieben durch Elektromotoren von je 47 PS, warfen das Wasser in Sammelbehälter, von denen es in die städtische Kanalisation abfloss. Eine Anzahl Absperrschieber in der Sammelleitung ermöglichte, mit jeder Pumpe allein entweder auf sämtliche Brunnen, auf einen Teil derselben, oder mit beiden Pumpen gemeinsam zu arbeiten. Für den gewöhnlichen Betrieb diente ein Motor, so dass also stets ein Pumpensatz zur Aushilfe bereitstand.

Mit Hilfe einiger benachbarten Messbrunnen ist zu verschiedenen Zeiten die Wirkung der Pumpenanlage über den Bauplatz hinaus beobachtet und in Senkkurven *(Abb. 45)* zusammengestellt worden. Hierbei stellt sich das Gefälle in der Nähe der Rohrbrunnen nach außen auf etwa 1:9 ein und bei einer Entfernung von rd. 100 m betrug die Senkung noch 1,35 m.

Aussteifung und Arbeitsvorgänge

Wegen des ungestörten Gebrauchs der über dem Erdgeschoss gelegenen Mieträume durften in erster Linie die Eingänge, Treppen, Fahrstühle, die Beheizung und Beleuchtung, Be- und Entwässerung des Hauses in keiner Weise beschränkt werden. Aussteifungen der vornehm ausgestatteten Mieträume, Geräusche und Erschütterungen im Haus waren nicht statthaft. Auch durften Beschädigungen und Verschmutzung der neuen Sandsteinfassade selbst im Erdgeschoss nicht stattfinden.

Diesen durch die Sachlage gebotenen Forderungen mussten die Bauvorgänge und die Aussteifung der zu unterfahrenden Bauteile Rechnung tragen. Die Fensteröffnungen im Erdgeschoss und Kellergeschoss waren durch kräftige, hölzerne Andreaskreuze mit waagerechten Steifen, durch Keile fest gegen die Mauern getrieben, ausgefacht, damit die Frontpfeiler zu einer zusammenhängenden Wand verbunden waren *(Abb. 46 u. 47)*. Unter der Decke des Erdgeschosses waren die Wände gegen die Querbewegungen durch Schrägstreben von 30×30 cm gesichert, so dass bei der Unterfahrung jede Seitenbewegung der Stützpunkte der oberen Geschosse ausgeschlossen war. Sie hatten aber auch noch den Zweck, während des Unterfahrens der einzelnen Frontpfeiler deren ganze Belastungen durch das Haus zu tragen, und stemmten sich deshalb mit dem festgekeilten Fußende auf eine schräge Grundplatte, aus zwei Reihen kreuzweise übereinander gelagerter I-Träger mit Betonausstampfung bestehend, um den Baugrund bei voller Geschossbelastung nicht über $1{,}5$ kg/m² zu belasten. Diese Holzstreben legten sich oben gegen eine eiserne Haube *(Abb. 46 u. 47)*, an der

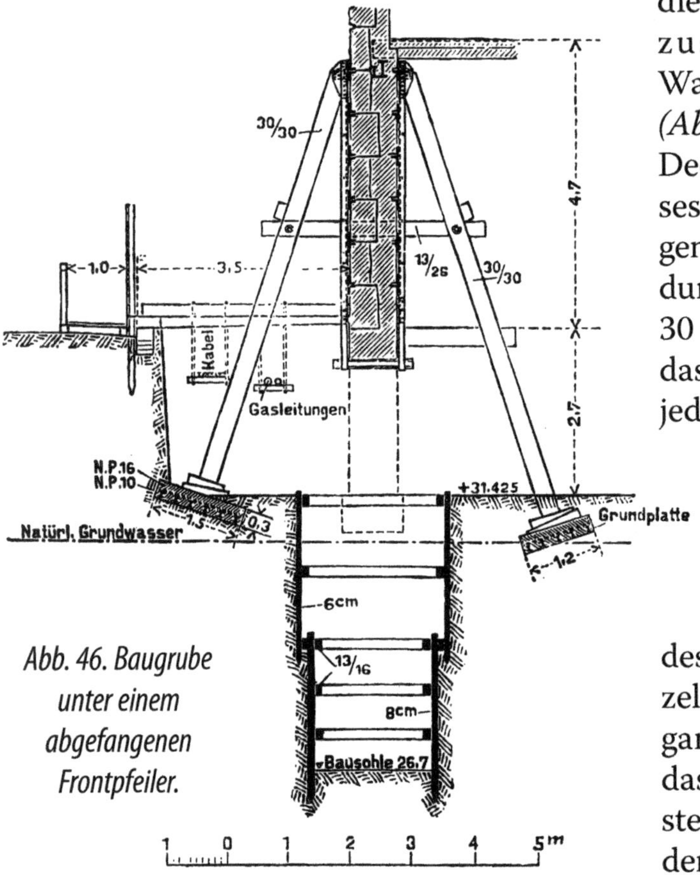

Abb. 46. Baugrube unter einem abgefangenen Frontpfeiler.

der eigentliche, die Frontpfeiler tragende Teil aus ∏-Eisen NP.30 hing. Der Fugenteilung der Werksteinquaderung entsprechende doppelte Winkeleisen griffen mit ihren abstehenden Schenkeln in ganzer Breite außen in die 8 cm tiefen Fugen der Quaderbossen, innen in ebenso tiefe, in das Klinkermauerwerk eingearbeitete Fugen.

Alle Hohlräume waren mit Zementmauerwerk ausgezwickt, nachdem vorher die Sandsteinflächen mit einem Lehmanstrich übertüncht waren, um das Anbinden des Zements der späteren Reinigung wegen zu verhindern. Die vorderen und hinteren ∏-Eisen waren mit Rundeisen verbunden; durch waagerechte Zangen waren die Streben unter sich und mit dem unteren Teil des Frontpfeilers versteift. Somit war in einwandfreier Weise die gesamte Last jedes zu unterfahrenden Frontpfeilers durch die Streben getragen und der im Keller liegende Teil des Frontpfeilers mit seinem Fundament entbehrlich. Er konnte völlig abgebrochen werden *(Abb. 48)*, was jedoch der Vorsicht halber immer nur mit zwei Pfeilern in jeder Front gleichzeitig vorgenommen worden ist. Überhaupt war grundsätzlich der ganze Bauvorgang derart, dass nur einzelne kleine, möglichst weit voneinander entfernte Teile gleichzeitig ausge-

Abb. 47. Abstützung der Außenmauer.

führt wurden, trotzdem natürlich dadurch sowohl die nicht unbeträchtlichen Wasserhaltungskosten und Baukosten als auch die Frist bis zur völligen wirtschaftlichen Ausnutzung des wertvollen Neubaus erheblich vergrößert wurden. In erster Linie wurden den Frontmauern ihre neuen Grundbauten und Unterstützungen gegeben und dann erst die inneren Arbeiten in Angriff genommen. Es wurde deshalb zuerst der Eckpfeiler des Hauses und die Endpfeiler der Stützmauer, so weit sie unter der Frontmauer lagen, in Angriff genommen, dann die Fundamente für die Mittelstützen hergestellt, um den Einbau der Frontträger zur Unterfangung der Frontpfeiler fertigzustellen, darauf die inneren Absteifungsarbeiten und die Abfangung der Säulen A und C nacheinander vorgenommen und schließlich die Stützmauer vollendet. Wegen der Anhäufung von Bauholz und zur Sicherung der lediglich auf hölzernen Steifen

Abb. 48. Blick in die Baugrube.

ruhenden oder daran hängenden Haupttragteile des Hauses erschien eine ständige Bewachung durch Feuerwehrposten geboten.

Für die Umschließung der einzelnen kleinen Schächte sind hölzerne Spundwände gewählt, und zwar mit Rücksicht auf die geringe zur Verfügung stehende Kellerhöhe in zwei Teilen, oben 6 cm, unten 8 cm stark *(Abb. 48)*. Die Außenflächen der unteren Spundwände wurden an den Zangen der oberen Spundwände vorbeigeschlagen, so dass sich teleskopartige Baugrube bildete. Diese kurze hölzerne Spundwand hatte erhebliche Vorzüge gegenüber allen anderen Arten von Baugrubenumschließungen: sie konnte mit eisernen Viermänner-Rammen in der einfachsten Weise ohne viele Umstände und Geräusch eingeschlagen werden. Der Widerstand war ja nur gering, da die Spundwand auf der einen Seite stets von dem Boden freigeschaufelt werden konnte, wobei natürlich strengstens darauf geachtet worden ist, dass nicht unter, geschweige denn hinter der Spitze der Spundbohlen beim Hinuntertreiben Boden weggeschaufelt worden ist. Da man vollständig im Trocknen arbeitete, war die Kontrolle dieser Vorschrift bei der Übersichtlichkeit und bei elektrischer Beleuchtung der Baugrube sehr einfach. Vorteilhaft war, dass kleine Beschädigungen der Spundwand leicht und sicher an der Innenseite gedichtet und ausgebessert werden konnten, um nämlich bei unerwartetem Ansteigen des Wassers das Eindringen von Sand von außen zu verhindern. Im übrigen war auch der weiteren Vorsicht wegen die Anweisung gegeben, die Baugrube in solchem Falle sofort wieder mit Sand auszufüllen. In üblicher Weise sind die Spundwände durch Zangen und fest eingekeilte Steifen stets mit Spannung gegen das Erdreich gehalten, so dass alle Seitendrücke bei der Baugrubenumschließung auf das umgebende Erdreich übertragen werden konnten *(Abb. 48)*. Kurz, es war kein Mittel außer acht gelassen, die Lockerung des Erdreiches außerhalb der Baugrube nach fachlichem Ermessen gänzlich auszuschließen.

Mit der Vermauerung wurde so schnell wie möglich vorgegangen und der Raum zwischen Mauerwerk und den Spundwänden mit eingeschlemmtem Sande versetzt. Die

Fundamente der Mittelstützen wurden nacheinander hergestellt und ebenso die eisernen Stützen aufgestellt und der ganze Teil der Baugrube mit Sand versetzt. Nach Einbau der Frontträger wurden nach *Abb. 43* die Frontpfeiler mittels I-Eisen durch Auszwicken und Ausgießen der Fugen zwischen den Trageisen und der Unterfläche des hängenden Pfeilers diese auf die Träger gestützt und die Hilfskonstruktion entfernt. Um die Säule *A>* abzusteifen, wurden zu beiden Seiten der erforderlichen Baugrube auf Grundplatten aus gekreuzten Eisenträgern mit Betonausstampfung hölzerne Strebenböcke errichtet und von den Seiten je zwei schwere I-Träger unter die Fußplatten der Säule geschoben: eine Kernmauer von 25 cm Stärke des alten Mauerwerks blieb stehen. Um zu vermeiden, dass die Träger bei ihrer Befestigung eine Durchbiegung erlitten und infolge dessen eine kleine Senkung der Säule erfolgte, wurde das hintere Ende des Trägers mit den eisernen Trägern der Grundplatte durch Verankerung verbunden und durch Zwischenkeile unter den Lastpunkten der Träger diese gegen die Unterfläche der Säulenplatte getrieben.

Dann erst wurde die kleine Zwischenmauer unter der Platte ganz abgebrochen. Hierbei wurde beobachtet, dass eine Senkung von nicht ganz 1 mm erfolgte, was auf die oberen Stockwerke jedoch ohne wesentlichen Einfluss geblieben ist. Nach Vollendung des Stützmauerteiles unter dieser Säule wurde wiederum der zwischen den Trägerpaaren befindliche Raum von der Seite hochgemauert und gut vergossen und nach längerem Abbinden dann die Träger auf der einen Seite nach außen gerückt, so dass der äußerste Träger entfernt werden konnte und der innere an Stelle des äußeren zu liegen kam, und dann der Raum, der vorher von dem inneren Träger eingenommen war, ausgemauert. Alsdann geschah das gleiche von der anderen Seite aus und nach längerer Zeit die seitliche Entfernung der beiden letzten Träger. Bei der inzwischen erfolgten Ausführung der Mauern zwischen den Mittelstücken und den zuerst hergestellten Endstücken unter den Fronten mussten hohe Säulenfundamente teilweise angeschnitten und deshalb vorher umgebaut werden. Zur Sicherung einer unmittelbar am Rand der Baugrube bestehenden Säule wurde der Kopf der Säule unter der Decke des Erdgeschosses durch kräftige Steifen gehalten, die sich gegen zwei übereinandergelegte und durch starke Schrauben zusammengespannte

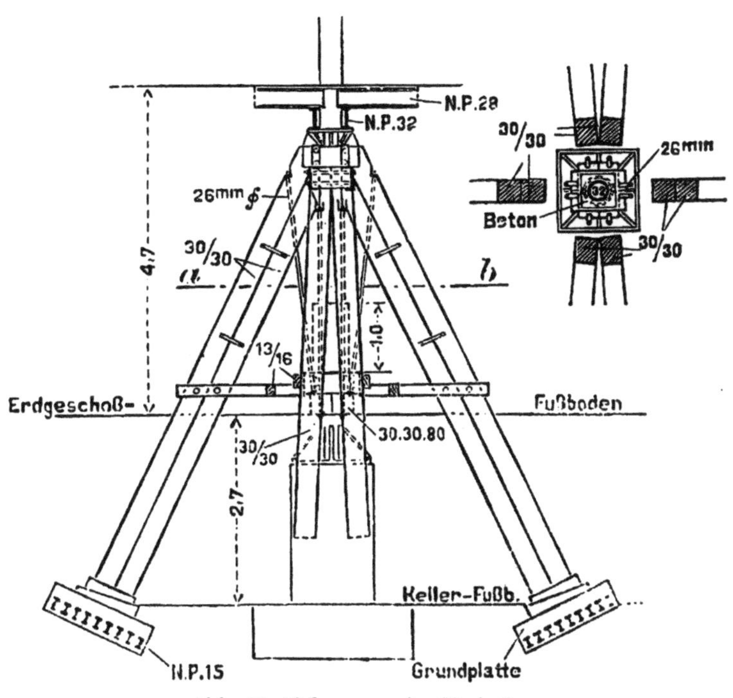

Abb. 49. Abfangung der Säule C.

Holzklötze setzten, welche also den Säulenkopf wie Bremsbacken umklammerten. Nach Fertigstellung der Stützmauer konnte das Pumpen nach etwa 60-tägigem Betrieb eingestellt werden. Bei Vollendung der Eisenkonstruktion für die Tunneldecke verblieb noch die Aufgabe, die eiserne Säule *C* mit 140 t Last zunächst frei aufzuhängen und auf die neue Konstruktion zu setzen.

Die *Abb. 49 u. 50* zeigen die Anordnung der Streben, welche sich gegen den Baugrund mit nur 1,35 kg/cm² Pressung setzten und oben in der vorerwähnten Weise die Last aufnehmen sollten. Zur sicheren Abfangung der ganzen Last erschien die Reibung zwischen dem Holz und den runden gusseisernen Säulen als statisch unsicher und allein nicht ausreichend, deshalb ist die Haftfestigkeit zwischen Beton und Eisen noch hinzugezogen. Mittels ringförmiger Eiseneinlagen sind Betonkörper um den Fuß des Säulenschaftes gespannt, wodurch mit kräftigen eisernen Stangen der Säulenfuß auch an die Streben gehängt war. Beides zusammen hat die Säule gut getragen; es konnte der Mauerpfeiler entfernt werden *(Abb. 50)*, die alte Fußplatte herabgelassen, die beiden seitlichen Träger gegen den Säulenschaft geschoben und die neue Fußplatte unter die Säule gesetzt und die beiden Träger mit Hilfe von Winden gegen die Säule hochgepresst werden. Bei Entfernung der Hilfskonstruktion war gleichfalls eine größere Senkung als 1 mm nicht beobachtet worden.

Die Vorbereitungen zu diesen Arbeiten begannen im Juni 1906. Mit dem Pumpen und den Arbeiten unter natürlichem Grundwasser ist Ende Juli angefangen. Am 30. September konnte der Pumpenbetrieb wieder eingestellt werden. Die Arbeiten sind vom **Hofzimmermeister Th. Möbus** in Charlottenburg ausgeführt, die Eisenkonstruktion und deren Aufstellung

Abb. 50. Abstützung einer inneren Säule.

durch die **Lauchhammer AG**. Entwurf und Oberleitung lag in den Händen des Verfassers.

Durch diese glücklich gelungene Ausführung ist der Nachweis erbracht, dass Aufgaben dieser Art bei Beobachtung der nötigen Vorsichtsmaßregeln einwandfrei zur Durchführung unterirdischer Verkehrswege unter bewohnten Häusern und Stadtteilen ohne erhebliche Kosten gelöst werden können, selbst bei Sand und unter Wasser. Beispielsweise ließe sich die viel erörterte Frage zur Fortführung der Straßenbahnen in Berlin unter dem Brandenburger Tor im Zuge der Linden am einfachsten dadurch lösen, dass der gerade Weg unter dem Brandenburger Tor gewählt und damit die dauernde oder zeitweise Freilegung des Brandenburger Tores ohne Zeitverlust vermieden wird.

Abb. 51. Baustelle des Spreetunnels an der Klosterstraße.

Abb. 52. Baustelle des Spreetunnels – Letzter Bauabschnitt..

Gustav Kemmann

Der Spreetunnel der Hoch- und Untergrundbahn in Berlin

ZENTRALBLATT DER BAUVERWALTUNG • 31.5.1913

↑ *Abb. 53.*

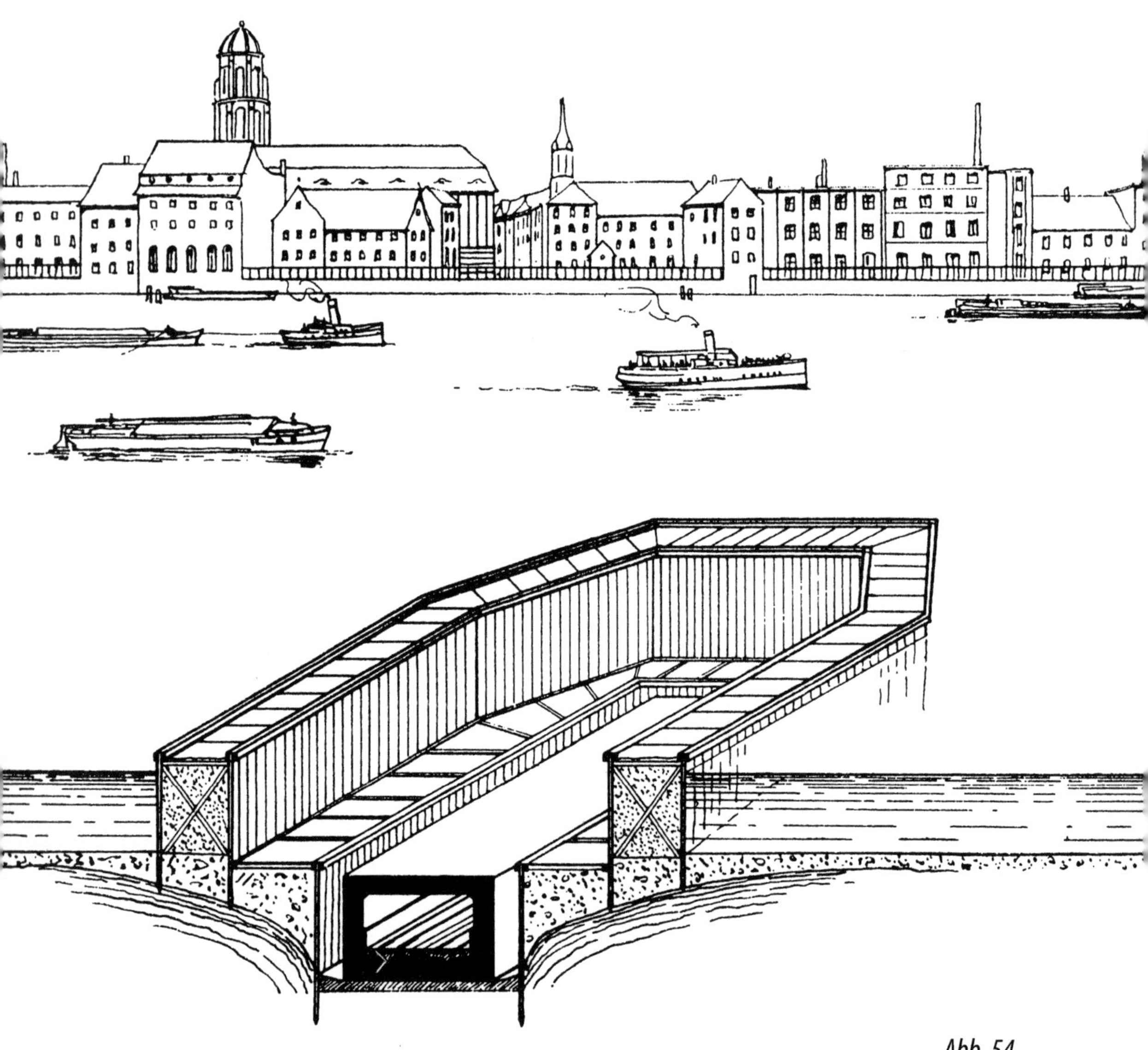

Abb. 54.

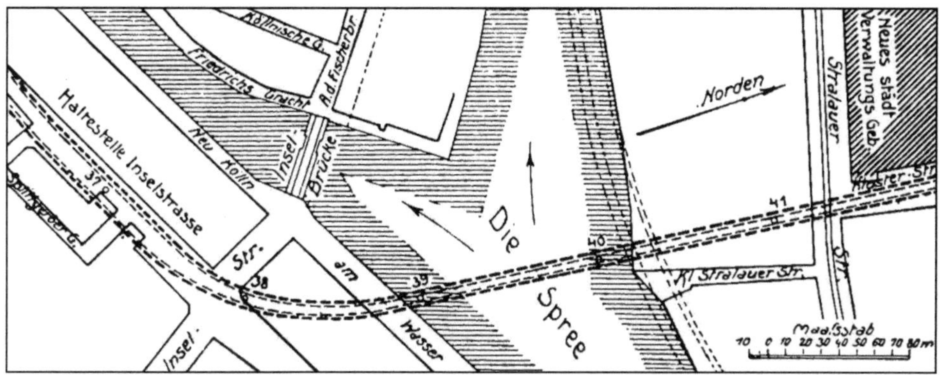

Im Jahr 1891 wurden zu gleicher Zeit von der Allgemeinen Elektrizitätsgesellschaft und der Firma Siemens & Halske in Berlin Entwürfe für hauptstädtische Schnellbahnnetze den Behörden zur Prüfung unterbreitet. Während der Siemenssche Entwurf einer Hochbahn von der Warschauer Brücke zum Zoologischen Garten mit einer Abzweigung zum Potsdamer Platz nach längeren Kämpfen genehmigt und durch die Hochbahngesellschaft nach und nach zu einem umfassenden Netz von Untergrund- und Hochbahnen ausgestaltet worden ist, an dessen Vervollkommnung die Gesellschaft unablässig weiter arbeitet, war dem Entwurf eines Tiefbahnnetzes der Allgemeinen Elektrizitätsgesellschaft die Ausführung nicht beschieden. Zeugnis der fruchtlosen Anstrengungen, ihren Plan bei der städtischen Verwaltung durchzusetzen, ist der heute dem Betrieb einer Straßenbahn dienende eingleisige Röhrentunnel unter der Spree bei Treptow, dessen Bau die Stadt Berlin als ›Probestrecke‹ für das beantragte Tiefbahnnetz schließlich zugelassen hatte.

↑ *Abb. 55.*

Die Baugeschichte des Tunnels, des ersten Beispiels einer
hauptstädtischen Spreeunterfahrung überhaupt, ist eine
einzige Kette von Schwierigkeiten, und nur dem unbeugsa-
men Willen der Erbauer ist zu danken, dass der Bau überhaupt zustande kam. Die verkehrsgeschichtliche Bedeutung, welche dem hervorragenden Werk eingeräumt werden
muss, das dem technischen Können seiner Erbauerin, der
Gesellschaft für den Bau von Untergrundbahnen, und ihrem
technischen Führer, Dr. Ing. Wilhelm Lauter, ein glänzen-
des Zeugnis ausstellt, hat der Unterzeichnete in einer aus
Anlass der Eröffnung des Tunnels herausgegebenen Denkschrift näher beleuchtet.

Als der Widerstand gegen die unterirdische Führung der
Stadtschnellbahnen in Berlin im Laufe der Zeit nachließ,
musste bei der Behandlung der Schnellverkehrsaufgaben
auch der Gedanke unterirdischer Spreekreuzungen wieder
aufleben. Das war zum ersten Mal der Fall, als die Hochbahngesellschaft ihre Schnellbahnlinien von der Südseite
der Spree auf die Nordseite ausdehnte. Dies führte zur Herstellung des nunmehr vollendeten Spreetunnels, der die erweiterte Spittelmarktlinie mit der Schönhauser Allee-Linie
oberhalb der Inselbrücke verbindet *(Abb. 55)*.

Dass die Ausführung auch dieses zweiten Spreetunnels
der Untergrundbaugesellschaft und ihren bewährten Lei-
tern, Dr. Ing. Lauter und Rudloff, anvertraut wurde, war kein
Zufall. Auch die Ausführung dieses Werkes, das ungefähr
14 Jahre nach Fertigstellung des Treptower Tunnels vollendet
wurde, ist nicht ohne Schwierigkeiten vonstattengegangen.

Die Bauweise beider Tunnel ist grundverschieden. Während der Treptower Tunnel mit Hilfe eines Vortriebschil-
des als geschlossene eiserne Röhre hergestellt ist – wie
alle neuen Londoner Untergrundbahnen, die neue Pariser
Nordsüdbahn und zahlreiche nordamerikanische Unter-

wassertunnel –, ist der neue Spreetunnel das erste große Verkehrsbauwerk, das hierzulande unter einem Fluss in offener Baugrube ausgeführt wurde. Die offene Bauweise ergab den Vorteil, dass der Tunnel verhältnismäßig dicht unter der Spreesohle angelegt und so das verlorene Bahngefälle möglichst eingeschränkt werden konnte. Die Bauausführung selbst aber schien keine ungewöhnlichen Schwierigkeiten zu bereiten, da die Spree im Zuge der Bahnachse eine größte Wassertiefe von nur 3,5 m hat, und, wie die Bodenuntersuchungen ergaben, der Untergrund aus reinem Kies bestand. Auch ließ die Trockenlegung der Baugrube, die durch Absenkung des Grundwassers erfolgte, keine besonderen Hindernisse erwarten, da die Flusssohle aus einer sedimentären Decke von 0,8 – 1 m Stärke gebildet wurde, die den Flusslauf als undurchlässige Schale vom Grundwasserstrom trennt. Die Baukosten aber stellten sich nach vorsichtigen Ermittlungen weit geringer als beim Verfahren des Schildvortriebes.

Das Spreebett ist an der Übergangsstelle 110 m breit. Die Unterwasserstrecke des Tunnels konnte dementsprechend in zwei Abschnitten hergestellt werden. Zunächst wurde der Südabschnitt als Teil der an die bestehende Bahnlinie anschließenden Erweiterung Spittelmarkt – Inselstraße, dann der Nordabschnitt im Zusammenhang mit den Bauausführungen auf der Nordseite der Spree ausgeführt, und endlich wurden beide Abschnitte inmitten des Flusses miteinander verbunden.

Im Frühjahr 1910 wurde mit den Bauausführungen begonnen. Zunächst wurde durch einen an das Südufer angebauten, im Grundriss ∏-förmigen Fangdamm ein reichlich 22 m breites Arbeitsfeld vom Fluss abgetrennt.

Der Füllkörper des 4 m breiten Fangdammes bestand aus einer zwischen verankerten 16 cm starken kiefernen Spundwänden festgestampften Lehmfüllung mit Zusatz von Pferdedung, die nach teilweisem Auspumpen des Wassers eingebracht wurde *(Abb. 56 u. 57)*. Obwohl sich der Grundwasserspiegel in dem die Spree umgebenden Erdreich gewöhnlich etwa 1 m unter dem Wasserspiegel des Flusses befindet, war es möglich, das Arbeitsfeld mit Hilfe von Kreiselpumpen trockenzulegen, da die das Spreebett bildende undurchlässige Decke den Auftrieb des Grundwassers verhinderte. Alsbald nach Freilegung der Sohle setzte der Betrieb der für die Grundwasserabsenkung dienenden

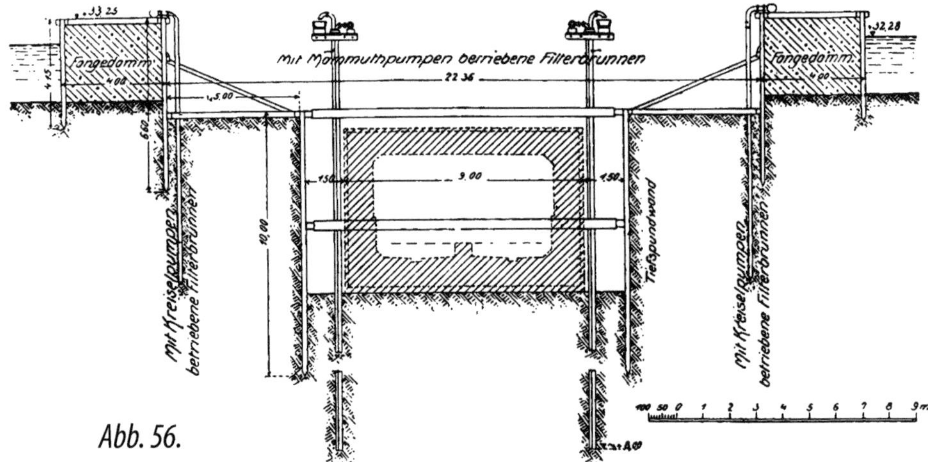

Abb. 56.

Saugpumpenanlage ein, deren Filterbrunnen – am unteren Ende mit Filtern versehene eiserne Rohre – bereits bei Errichtung des Fangdammes neben dessen Innenwänden eingesetzt und an ein gemeinschaftliches Saugrohr angeschlossen worden waren *(Abb. 56)*.

Um das Arbeitsfeld in begehbaren Zustand zu versetzen, musste die auf der Spreesohle lagernde Deckschicht abgetragen werden. Dann konnten die Tiefspundwände eingerammt werden, welche zur Umschließung der in 12 m Breite abzuschachtenden Tunnelgrube dienten. Die Spundpfähle erhielten 18 cm Stärke und eine Länge von rund 10 m, so dass sie 2,5 m unter die Tunnelsohle hinabreichten. Die zur Erleichterung des Rammbetriebes vorgesehene Wasserspülvorrichtung erwies sich als unnötig. Im Anschluss an die Rammarbeiten fand die Aufstellung der für die Absenkung des Grundwassers in den tieferen Schichten bestimmten Wasserhaltungsanlage statt, für die eine Mammutanlage gewählt wurde. Der. Unterschied der beiden Wasserförderungen besteht darin, dass bei der Sauganlage das Wasser durch den äußeren Überdruck der atmosphärischen Luft gehoben,

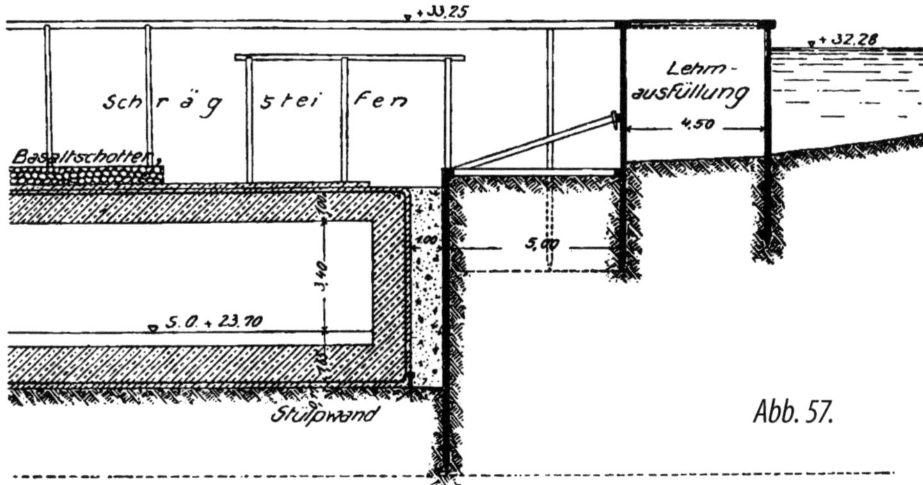

Abb. 57.

bei der Mammutpumpe durch in die Brunnen eingeführte Druckluft mitgerissen wird. Für die Anwendung der Mammutpumpen war außer Zweckmäßigkeitsgründen vor allem ihre unbedingte Zuverlässigkeit im Betrieb bestimmend, obgleich sich die Beschaffungs- und Betriebskosten nicht unwesentlich höher belaufen als beim Betrieb der Kreiselpumpen. Die Rohrbrunnen der Mammutanlage wurden in Abständen von 5 m in dem Raum zwischen den Tiefspundwänden und den künftigen Tunnelwänden eingebohrt und bis auf ungefähr 14 m unter die Tunnelsohle hinabgeführt.

Auch auf der landseitigen Anschlussstrecke des Tunnels, nach der Haltestelle Inselstraße zu, wurde mit Mammutpumpen gearbeitet. Mit zunehmender Tiefe der Tunnelgrube steigerte sich naturgemäß die Inanspruchnahme der Mammutpumpen, die schließlich, als das Grundwasser weiter und weiter zurücktrat und die weniger tief gehenden Saugbrunnen, die die Wasserhaltung während der Vorbereitungsarbeiten im Spreebett besorgt hatten, kein Wasser mehr fanden, die gesamte Grundwasserhaltung allein zu übernehmen hatten. Die zum Mammutpumpenbetrieb erforderliche Druckluft wurde von acht Pressluftmaschinen geliefert, die auf dem südlichen Ufergelände in einem Holzschuppen aufgestellt waren; eine neunte Maschine diente zur Aushilfe. Ein Teil der Maschinen wurde elektrisch, die übrigen durch Lokomobilen angetrieben, die jedoch zeitweise ebenfalls durch elektrische Maschinen abgelöst wurden. Den Arbeitsstrom lieferte das Kraftwerk der Hochbahn an der Trebbiner Straße; im Falle einer Betriebsstörung konnte der Strom von einem auf dem nördlichen Spreeufer errichteten Baukraftwerk bezogen werden, das die Baumaschinen der nördlichen Strecken mit Strom versorgte. Die auf 1,5 bis 2,5 Atmosphären gepresste Luft wurde durch ein gemeinschaftliches Druckrohr zur Baustelle und hier durch Verteilungsleitungen den einzelnen Brunnen zugeführt.

Unter Heranziehung der Aushilfs-Pressluftmaschine gelang es, die Baugrube bis zur Beendigung der Ausschachtungsarbeiten trocken zu halten; nur nach der Spreemitte zu hatte man gegen stärker vordringendes Grundwasser zu kämpfen. Hier wurde die Wasserhaltung noch durch Kreiselpumpen verstärkt, die mit ihren elektrischen Antriebmaschinen auf kleinere Saugbrunnen unmittelbar aufgesetzt waren. Ferner wurden einzelne Sickerstränge angelegt, die das Wasser von den Feuchtstellen nach benachbarten Brunnen leiteten. Am Kopfende der Tunnelsohle wurde schließlich, wie *Abb. 57* zeigt, eine Stülpwand eingesetzt, um das vordringende Grundwasser zurückzuhalten. Zum Ausheben des Bodens aus der Tunnelgrube wurde ein auf dem Fangdamm laufender Förderkran verwendet.

Der Aufbau des Tunnelkörpers ging ohne Schwierigkeiten vonstatten. Er bildet eine mit starker Eiseneinbettung verstärkte vierseitige Betonröhre mit Wand- und Deckenstärken von 1 m und einer Sohlenstärke von 1,3 m. Die Röhre ist durch Umklebung mit vierfacher Papplage wasserdicht gemacht, die ihrerseits wieder durch eine Hülle aus Beton oder in Zementmörtel verlegten Kalksandsteinen gegen Verletzungen geschützt ist. Das Ende der Tunnelröhre wurde durch zwei um 3 m voneinander abstehende Stirnwände geschlossen, der Raum zwischen dem Tunnel und der Tiefspundwand im unteren Teil mit Kies, im oberen mit Beton gefüllt.

Das Ganze wurde sodann zum Schutz gegen Verletzungen durch Schiffsanker und gegen andere Eingriffe mit einer 5 mm starken Eisenblechabdeckung belegt, die in Zementmörtel gebettet und mit einer 10 cm starken Betonschicht überzogen wurde. Die Enden der Blechabdeckung wurden zur Tiefspundwand hinabgebogen. Mit einer 40 cm starken Basaltschotterung wurde der Anschluss an die Spreesohle wieder hergestellt. *Abb. 58* zeigt einen Querschnitt durch den fertigen Tunnel.

Die Beseitigung des Fangdammes konnte erst nach Herstellung der Stirnwand des für den nordseitigen Tunnelabschnitt aufzustellenden Fangdammes vorgenommen werden. Der Einbau dieser Stirnwand, die als Kastenfangdamm über das fertiggestellte Ende des Südtunnels hinweggeführt werden musste *(Abb. 59)*, konnte im Trockenen erfolgen; die Aufsetzfuge wurde mit Segeltuch gedichtet.

Die Bauvorgänge im nördlichen Teil des Spreebettes stellten im Übrigen eine Wiederholung der beschriebenen Vorgänge dar unter Benutzung der auf der Südseite gesammelten Erfahrungen. Die Grundwasserhaltung wurde in den tieferen Schichten nicht wie früher den Mammutpumpen allein überlassen, sondern in der Hauptsache von Kreiselpumpen besorgt: die ersteren sollten nur zur Verstärkung des Betriebes herangezogen werden.

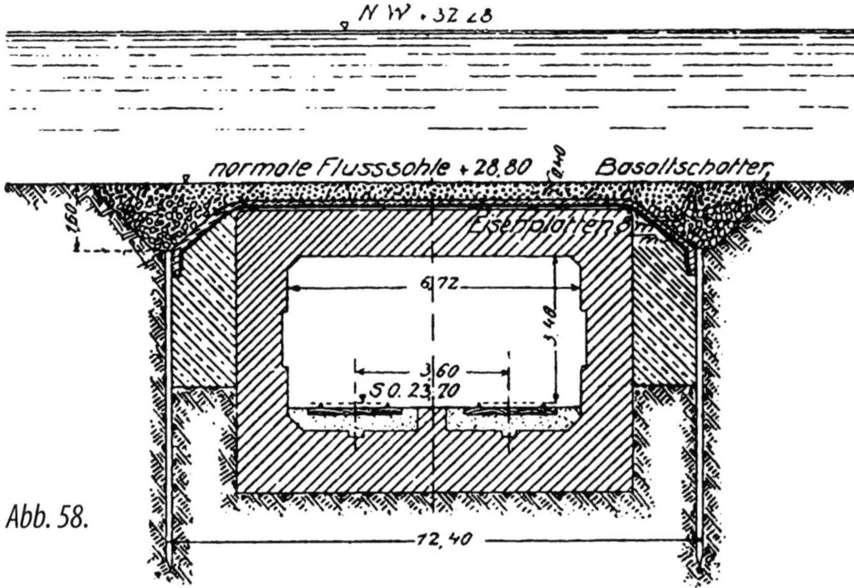

Abb. 58.

Durch die Vereinigung der beiden Wasserhaltungen wurde erreicht, dass sich der Betrieb bei gleicher Sicherheit wesentlich wirtschaftlicher gestaltete als bei Verwendung der mit nur geringem Wirkungsgrad arbeitenden Mammutpumpen. In den Arbeitsräumen zwischen der Tiefspundwand der Tunnelgrube und den Wandungen des künftigen Tunnels wurden in fortlaufender Reihe, in Abständen von 2½ m miteinander abwechselnd, Brunnen der Sauganlage und der Mammutanlage niedergebracht. Mit zunehmender Ausschachtungstiefe und nach Bedarf von den Mammutpumpen unterstützt, wurden die beiden Saugleitungen samt den Kreiselpumpen abwechselnd tiefer gelegt. Die Hauptdruckluftleitung wurde vom Maschinenhaus durch den fertigen Tunnel und seine beiden Abschlusswände zur Baustelle geführt *(Abb. 59)*.

Auch auf der Nordseite verliefen die Arbeiten zunächst in durchaus befriedigender Weise. Kurz vor Beendigung der Ausschachtungen jedoch, als die Sohle des nördlichen Tunnelabschnitts schon nahe bis zur Spreemitte fertiggestellt war, machte sich am Kopfende des Südtunnels stärkerer Wasserzudrang bemerkbar, der sich steigerte, als durch Ab-

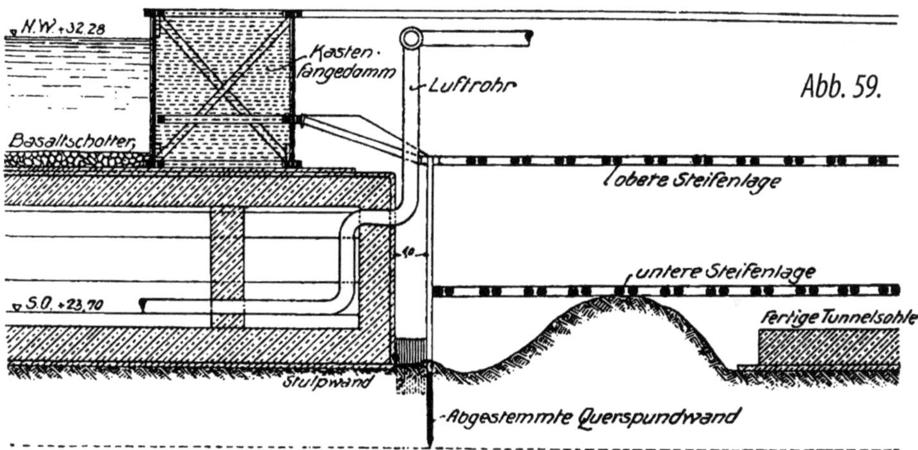

stemmen der Kopfspundwand und Wegräumung der sonstigen Hindernisse in der Tunnelgrube die Verbindung mit dem Südtunnel offengelegt wurde.

Durch die Tagespresse ist bekanntgeworden, dass die schon nahe zum Abschluss gediehenen Arbeiten in den Frühstunden des 27. März 1912 durch starken Wassereinbruch unvermutete Störung und Unterbrechung erfuhren.

Eine unter der Sohle des fertigen Tunnelabschnitts auftretende Quellbildung hatte erkennen lassen, dass sich die

Spree von der Oberwasserseite einen Durchzug zur Baugrube suchte. Die Bemühungen, diese Quellung abzudämmen, blieben erfolglos. Mit zunehmendem Wasserzudrang brach an der in *Abb. 61* durch Schraffur bezeichnete Stelle die äußere Spundwand des Fangdammes. Infolge der dadurch entstandenen Auskolkung verlor auch das frei stehende Ende des Südtunnels seine stützende Unterlage; die Tunneldecke brach in einer Entfernung von 16 m von der Abschlusswand in der Querrichtung durch, und der auf dem Tunnelkopf stehende Kastendamm senkte sich um etwa 50 cm. Durch die Bruchstelle strömte nunmehr auch offenes Spreewasser

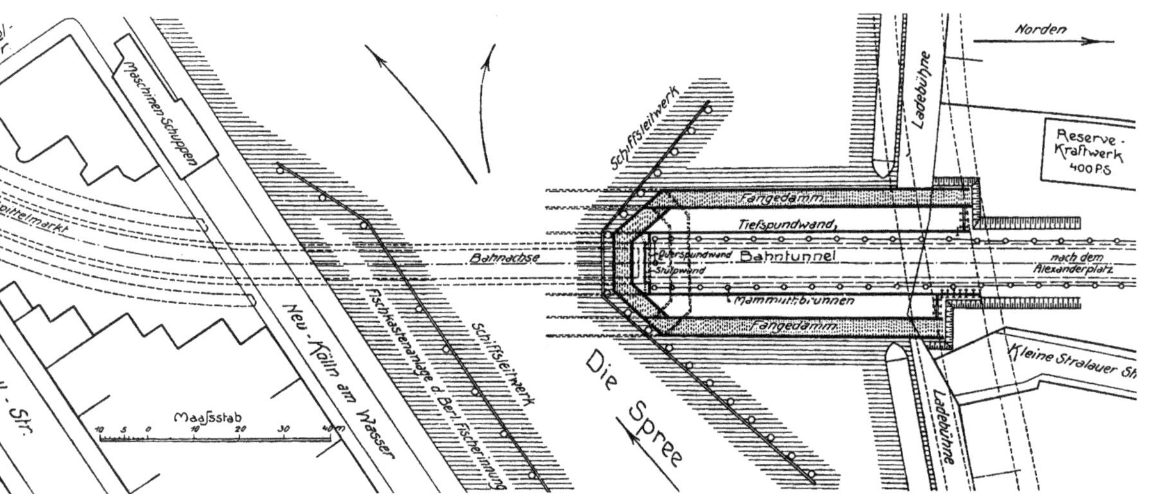

Abb. 60. in die fertigen Tunnelstrecken und verbreitete sich darin mit solcher Schnelligkeit, dass der Betrieb zwischen Leipziger Platz und Spittelmarkt alsbald eingestellt werden musste. Durch einen zwischen den Stationen Kaiserhof und Leipziger Platz errichteten Notdamm gelang es, dem weiteren Vordringen des Wassers Einhalt zu tun und den Bahnhof Leipziger Platz vor Überschwemmung zu bewahren. Durch schleunige Abdämmung der überfluteten Strecken gelang es jedoch bald, des Wassers in den Betriebsstrecken Herr zu

werden, und bereits am 2. April konnte der Bahnverkehr bis zum Spittelmarkt wieder aufgenommen werden.

Die Ursachen des Durchbruchs sind in den Einzelheiten nicht mit voller Sicherheit festgestellt worden. Die Grundursache ist darin zu erblicken, dass die Schifffahrtverhältnisse dazu genötigt hatten, den Querfangdamm des Nordtunnels *(Abb. 59 u. 60)* stark gegen das Tunnelende vorzurücken und außerdem bedeutend abzuschrägen.

Er war bis auf 3 m an den Tunnelkopf herangeschoben; die Abschrägungen rückten sogar bis auf 1,50 m an die

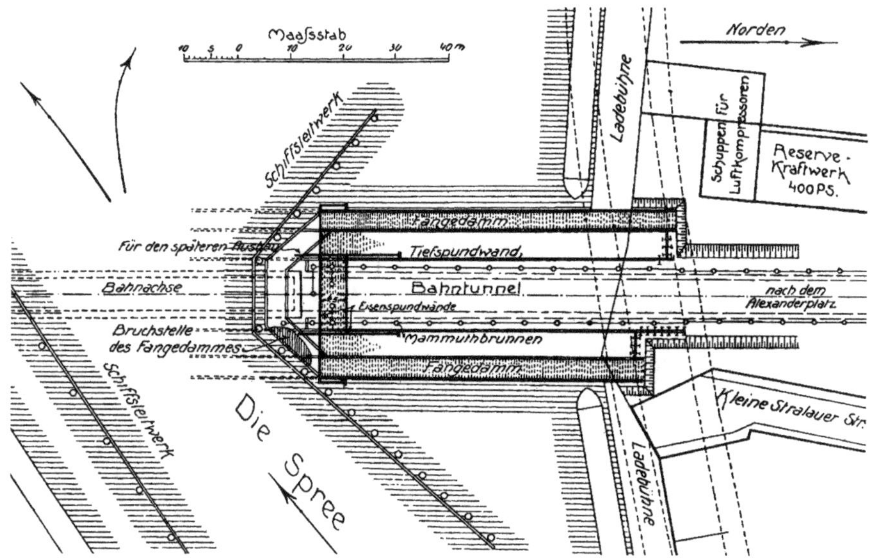

Tunnelbaugrube heran. Dazu kam, dass die Einschränkung des Flussbettes eine bedeutende Verstärkung der Strömung an der Anschlussstelle zur Folge hatte. Unter diesen Umständen kann es nicht wundernehmen, dass die vom ersten Bauabschnitt stehengebliebenen Teile der Querspund- und -stülpwände dem Durchzug von Wasseradern nicht mehr genügend Widerstand entgegensetzten. Die Reibungswiderstände im Erdreich selbst waren durch die Aufräumungsar-

Abb. 61.

beiten im südlichen Teil des Spreebettes beeinträchtigt, die Verletzungen im Spreegrund hinterlassen hatten.

Die Verhältnisse machten eine Änderung der Bauweise erforderlich. Es wurde beschlossen, den Nordtunnel so weit wie unter den geänderten Verhältnissen möglich in die Spree hineinzubauen, sodann den nördlichen Spreeabschnitt für die Schifffahrt freizugeben und den mittleren Tunnelabschnitt als Schlussstück von einer künstlichen Insel aus herzustellen.

Danach war vor allen Dingen erforderlich, die nördliche Baustelle durch einen neuen Kopffangdamm abzuschließen, der, gegen den früheren um 6 m nach Norden zu verschoben, gleichzeitig als Abschluss für die eigentliche Tunnelbaugrube diente *(Abb. 61)*; er erhielt eine Breite von 4,5 m.

Die Spundwände, die infolge der Auskolkung in der außergewöhnlichen Länge von 16 m und 18 m hergestellt werden mussten, wurden aus Profileisen nach Larssens Bauart *(Abb. 8)* hergestellt, wie sie neuerdings bei Tiefbau-

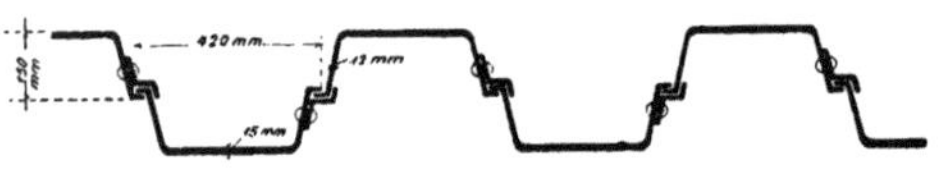

Abb. 62.

ten vielfach mit Erfolg angewendet werden. Das Rammen der Larssenwände, die wegen ihrer geringen Querschnittsfläche nur wenig Boden verdrängen, konnte mit Dampframmen von 4,5 t Bärgewicht in verhältnismäßig kurzer Zeit durchgeführt werden.

Nach Auspumpen der mit dem neuen Kopfabschluss versehenen Baugrube zeigte sich, dass die vor dem Unfall bereits bis auf wenige Meter fertiggestellte Tunnelsohle durch die Überschwemmung keinen nennenswerten Schaden erlitten hatte, so dass nach Beseitigung der eingespülten, allerdings ziemlich beträchtlichen Sandmassen die Betonierungsarbeiten sogleich fortgesetzt werden konnten. Die Pressluftanlage für die Mammutpumpen musste jedoch, da die durch den Südtunnel führende frühere Hauptdruckluftleitung infolge des Wassereinbruchs zerstört worden war, auf das nördliche Spreeufer verlegt werden. Um einen gleichmäßigen Verlauf der Absenkungskurve des Grundwassers zu erreichen und ein Anstauen desselben vor der neuen Kopfseite des Fangdammes zu vermeiden, wurde die Pumpenanlage noch durch einige Brunnen erweitert, die in das Spreebett gesetzt wurden. Den Wasserhaltungsarbeiten stellten sich fortan keine Schwierigkeiten mehr entgegen; es gelang, den Grundwasserspiegel dauernd etwa 60 cm unter der Tunnelsohle zu halten. Die Räume zwischen dem Tunnel und der Tiefspundwand wurden von der Tunnelsohle ab mit Sparbeton gefüllt, die Abdeckung des Tunnels, die wieder in der früheren Weise aus Eisenblech hergestellt wurde, bis an die Tiefspundwände herangeführt und letztere mit einem starken Tonwulst zugedeckt, auch das anschließende Spreebett bis zum Fangdamm mit einem Lehmüberzug versehen. Die Blechabdeckung erhielt wieder einen Betonüberzug mit Schotterdecke. Die Spundbohlen des Fangdammes wurden nicht herausgezogen, wie dies früher geschehen war, sondern über der Spreesohle abgeschnitten; überhaupt wurde besonderer Wert darauf gelegt, eine möglichst vollkommene Abdichtung der Spreesohle herbeizuführen.

Nach Freigabe der nördlichen Fahrrinne wurde zum Aufbau der Insel geschritten, von der aus die Verbindung zwischen dem Nord- und Südtunnel hergestellt werden sollte. Die Arbeitsstelle wurde mit einem ringförmigen Fangdamm umschlossen, dessen nördliche Kopfseite in 13 m Entfernung vom Kopf des Nordtunnels bereits während des zweiten Bauabschnitts im Trockenen auf die Tunneldecke gesetzt worden war; die Aufsetzstelle war sorgfältig mit Ton und Segeltuch gedichtet. Die Herstellung der südlichen Kopfseite der Insel gestaltete sich weniger einfach, da hier der Kastendamm unter Wasser aufzubringen war.

Zunächst musste die auf der Tunneldecke lagernde Schotterung durch Taucher beseitigt werden. Der Kastendamm wurde dann zwischen zwei Lastkähnen mittels Flaschenzügen von einem auf den Kähnen hergestellten Gerüst aus abgesenkt. Die Oberwasserseite des Fangdammes wurde, um die Kolkstelle mit zu umfassen, 16 m, die Unterwasserseite 12 m von der Tunnelgrube abgerückt *(Abb. 63)*.

Etwaige Undichtigkeiten, die sich beim Auspumpen der Baugrube noch zeigen würden, konnten durch Anpackung aus Sandsäcken und Bodenschüttungen auf der Innensei-

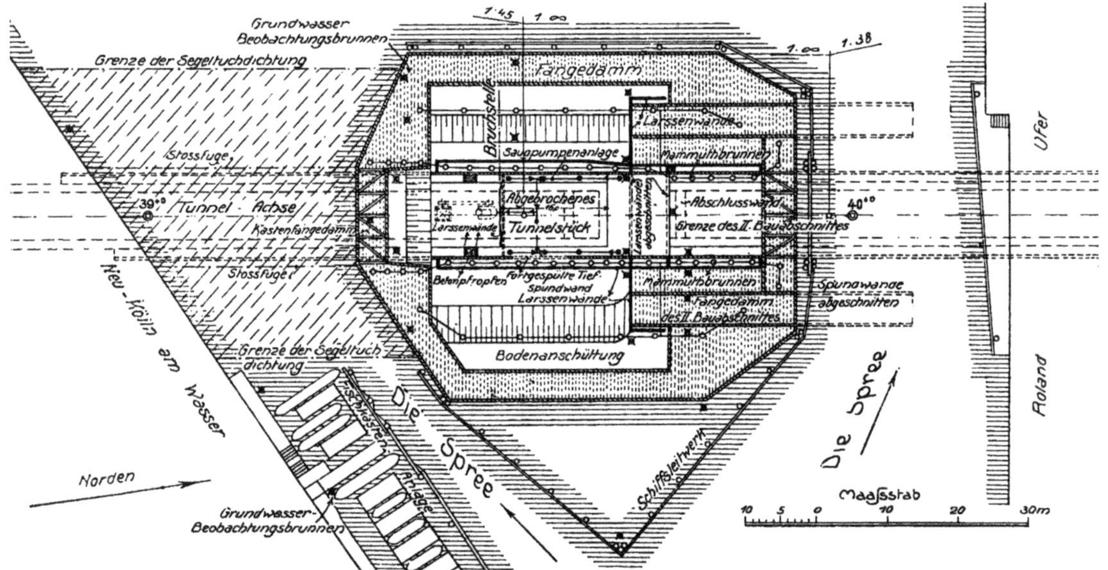

Abb. 63. te des Fangdammes behoben werden. Die Sicherung der eigentlichen Tunnelgrube erfolgte wieder durch 7 m unter Tunnelsohle hinabreichende Larssenwände, die in der Flucht der bereits vorhandenen Wände *(Abb. 61)* in südlicher Richtung bis etwa 9 m über die Bruchstelle hinaus fortgeführt wurden.

Bei Freilegung des unterspülten Tunnelkörpers ergab sich, dass sich der in der Decke des Tunnels entstandene Querriss, dessen Breite etwa 10 cm betrug, durch die Seitenwände bis zur Sohle fortsetzte; der Tunnelkopf hatte sich um 80 cm gesenkt. Nach diesem Befund und da der Zustand des Untergrundes und der Sohlendichtung des Tunnels nicht untersucht werden konnten, wurde beschlossen, das abgetrennte Tunnelstück vollständig abzubrechen. Die bei Herstellung des Südtunnels gesammelten Erfahrungen ließen es angezeigt erscheinen, auf die Wasserdichtigkeit der Spreesohle in der südlichen Fahrrinne besonderes Augenmerk zu richten. Bei probeweisem Absenken des von dem Ringfangdamm eingeschlossenen Wasserspiegels beobachtete Quellungen zeigten, dass in dieser Beziehung besondere Vorkehrungen getroffen werden mussten. Die Baugesellschaft beseitigte die Möglichkeit weiteren Wasserzudranges in ebenso einfacher wie geistvoller

Abb. 64.

Weise dadurch, dass sie die ganze Spreesohle der südlichen Stromrinne in der in *Abb. 63* schraffierten Grundfläche mit getränktem Segeltuch abdeckte und die Tuchbahnen an der Ufermauer der Spree wie an der Südseite des Ringfangdammes bis über den Wasserspiegel hoch führte. Die etwa 2000 m² große Segeltuchfläche wurde aus drei quer zur Flussrichtung verlegten Bahnen zusammengesetzt.

Abb. 64 zeigt die Verlegung einer solchen Bahn, wie sie, von einem schrittweise von der Insel nach dem Ufer zu vorrückenden Prahm aus abgerollt, mit der Nachbarbahn verbunden und auf die Sohle niedergelassen wird. Die Seiten des Tuchbelages und ihre beiden Stoßfugen wurden durch einige Lagen Sandsäcke und Bodenschüttung abgedichtet. Beim Wiedereinsetzen der Pumpen zeigten sich zwar anfangs noch Quellbildungen, die jedoch nach weiterer Beschwerung des Segeltuches durch Bodenschüttung bald nachließen. Um noch ein Übriges zu tun, wurden zwischen Tunnel- und Spundwänden in der alten Tunnelgrube südlich von der Bruchstelle zwischen 2 – 2,5 m unter die Tunnelsohle gerammten Larssenpfählen Betonpfropfen eingeführt *(Abb. 63)*, die jedem Wasserzudrang durch den alten Arbeitsraum Halt geboten.

Die ziemlich mühsamen und zeitraubenden Abbrucharbeiten, die durch Sprengungen unterstützt wurden, konnten jetzt ungehindert zu Ende geführt werden. Vor dem erhalten gebliebenen Tunnelabschnitt wurde eine 2,5 m unter die Sohle hinabreichende Querwand aus Larsseneisen eingetrieben *(Abb. 63)*, die den Arbeitsraum gegen etwa von der Südseite vordringendes Grundwasser schützte. Nach Ausräumung der Baustelle wurde der Sohlenkolk, der eine Tiefe von 1,6 m hatte, mit Beton gefüllt und dann mit dem Wiederaufbau des Tunnels begonnen. Um die Verbindung mit dem Nordtunnel herzustellen, waren die Larssenwände des aus dem dritten Bauabschnitt stehengebliebenen Querdammes zu beseitigen, die auf der Tunnelsohle abgebrannt wurden.

Der Bau des Tunnels wurde im März 1913 ohne jede weitere Störung beendet; die Wiederherstellungsarbeiten sind mit einer Gründlichkeit und Sachkenntnis durchgeführt worden, die der bauausführenden Firma und ihrer Leitung zum uneingeschränkten Lob gereichen. ❐

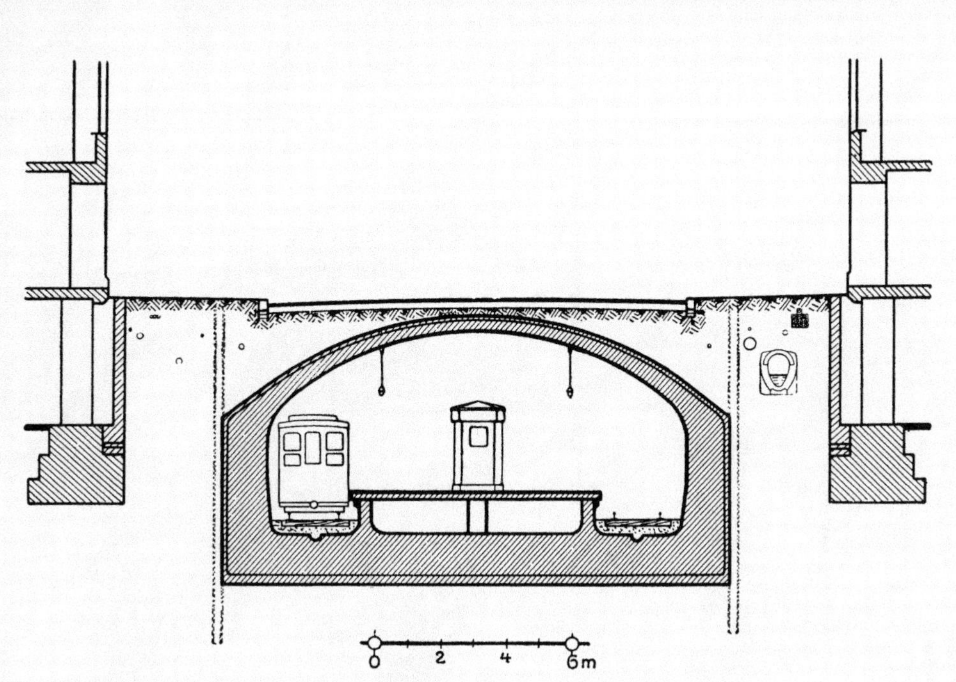

Gustav Kemmann

Eröffnung der Strecke vom Spittelmarkt zum Alexanderplatz

VEREIN DEUTSCHER EISENBAHN-VERWALTUNGEN • 5.7.1913

↑ Abb. 65. Querschnitt des Bahnhof Inselbrücke.

Abb. 66. Der Alexanderplatz um 1910 mit dem Eingang zur Untergrundbahn.

↓ Abb. 67. Längenschnitt durch die Linie Spittelmarkt – Alexanderplatz – Nordring.

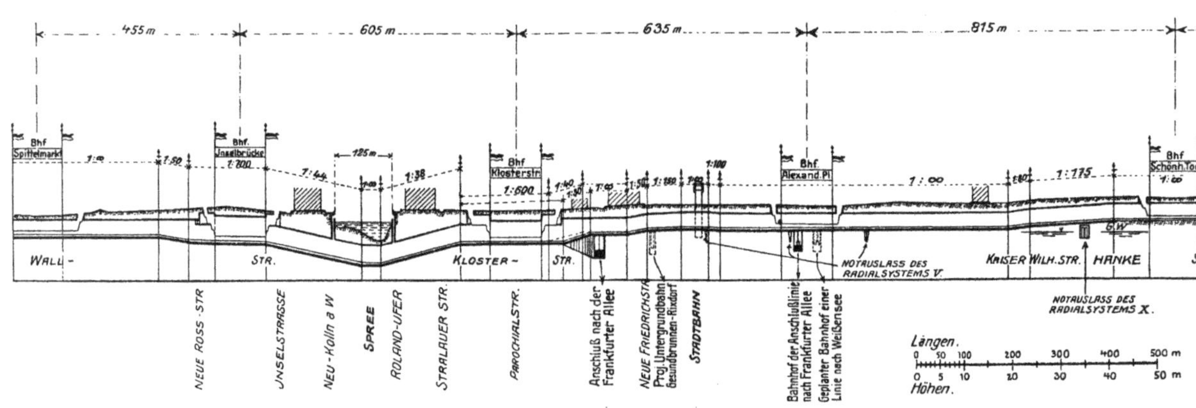

Am 1. Juli 1913 wurde der Abschnitt Spittelmarkt – Alexanderplatz der Berliner elektrischen Hoch- und Untergrundbahn dem Betrieb übergeben, nachdem der Minister der öffentlichen Arbeiten von Breitenbach am 27. Juni die in mehrfacher Beziehung bemerkenswerte Strecke, die Tags vorher mit den ersten Probezügen befahren worden war, eingehend in Augenschein genommen hatte. Die Inbetriebnahme der Fortsetzung bis zum Nordring wird in kurzem nachfolgen.

Die Eröffnung des neuen Bauwerkes, dessen Entwurf und Leitung von der **Hochbahngesellschaft** gemeinsam mit der Firma **Siemens & Halske** durchgeführt worden sind, bietet Anlass zu einigen Betrachtungen.

Der Umbau des Gleisdreiecks zur Kreuzungsstation, die am 3. November 1912 in Betrieb genommen wurde, bezeichnet den ersten Schritt auf dem Weg einer durchgrei-

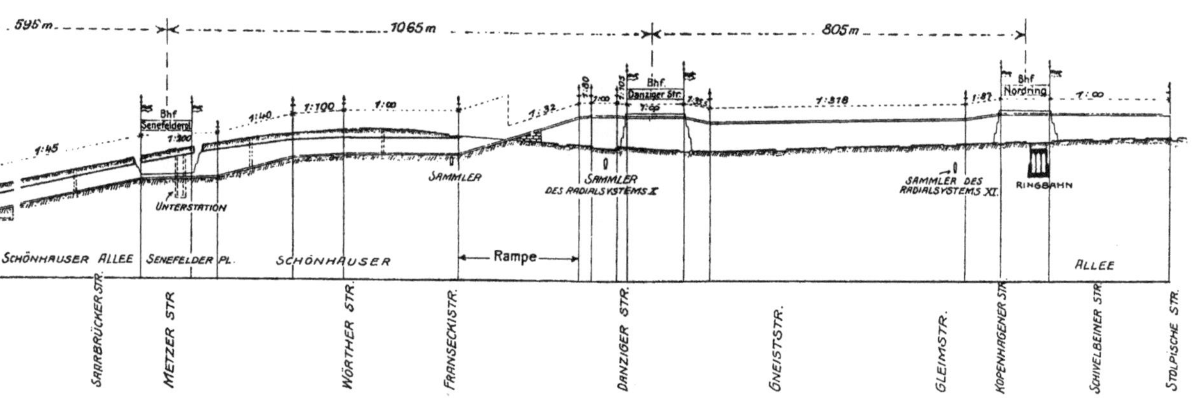

fenden Umgestaltung des Bahnnetzes, das künftighin aus zwei selbstständig betriebenen inneren Durchmesserlinien bestehen wird, deren jede sich in die Vorstadt- und Vorortgebiete verzweigt *(Abb. 1)*. Die eine dieser Durchmesserlinien stellt die Verbindung zwischen dem Westen und Osten Großberlins, die andere, unabhängig davon, zwischen dem Westen und der Innenstadt her. Die Stammstrecke der künftigen Westostlinie verbindet den Wittenbergplatz mit Warschauer Brücke, die der Innenstadtlinie den Wittenbergplatz mit dem Alexanderplatz. Im Kreuzungsbahnhof Gleisdreieck ist die Innenstadtlinie im rechten Winkel unter der Westostlinie hindurchgeführt. Auf dem Wittenbergplatz erhalten die beiden Stammlinien einen Gemeinschaftsbahnhof, von dem aus sie sich nach Westen hin gemeinsam in der Weise verzweigen, dass die von der Innenstadt kommenden Züge teils nach Charlottenburg, teils auf einer von den Gemeinden Wilmersdorf und Dahlem errichteten Anschlussstrecke in südwestlicher

Abb. 68.
Innenraum
des Bahnhof
Inselbrücke.

Richtung weitergeleitet werden. Für die Ostwestzüge ist einstweilen die Verteilung auf die Wilmersdorf-Dahlemer Linie und eine zweite neue Seitenlinie vorgesehen, die im Zuge des Kurfürstendamms zunächst bis zur Uhlandstraße reicht, späterhin nach Halensee weiter gebaut werden soll. Am östlichen Ende werden die Züge der Innenstadtlinie auf der Strecke Alexanderplatz – Schönhauser Allee – Nordring weitergeleitet; ein Teil dieser Züge wird künftig auf eine vom Bahnhof Klosterstraße abzweigende neue Untergrundbahn zur Frankfurter Allee übernommen werden.

Ende 1913 werden sich die Erweiterung der Innenstadtlinie vom Spittelmarkt zum Nordring, ferner die Südwestlinien vom Wittenbergplatz nach Dahlem und zur Uhlandstraße in ganzer Ausdehnung im Betrieb befinden. Zur Vervollständigung des Netzes ist dann noch der zurzeit im Kreuzungsbahnhof Gleisdreieck endigende Abschnitt der Westostlinie nach dem Wittenbergplatz durchzuführen und die, ebenfalls bereits genehmigte, Seitenlinie zur

Abb. 69. Abstieg vom Bahnhof Inselbrücke zum Spreetunnel.

Frankfurter Allee auszubauen. Über die Ausführung der Strecke Uhlandstraße – Halensee und verschiedener Außenverlängerungen der einzelnen Zweige schweben zurzeit Verhandlungen.

Von den Erweiterungen, die im Jahr 1913 zur Eröffnung gelangen, ist die vom Spittelmarkt zum Nordring, deren Längenschnitt in *Abb. 67* gezeigt ist, die erste. Unweit der

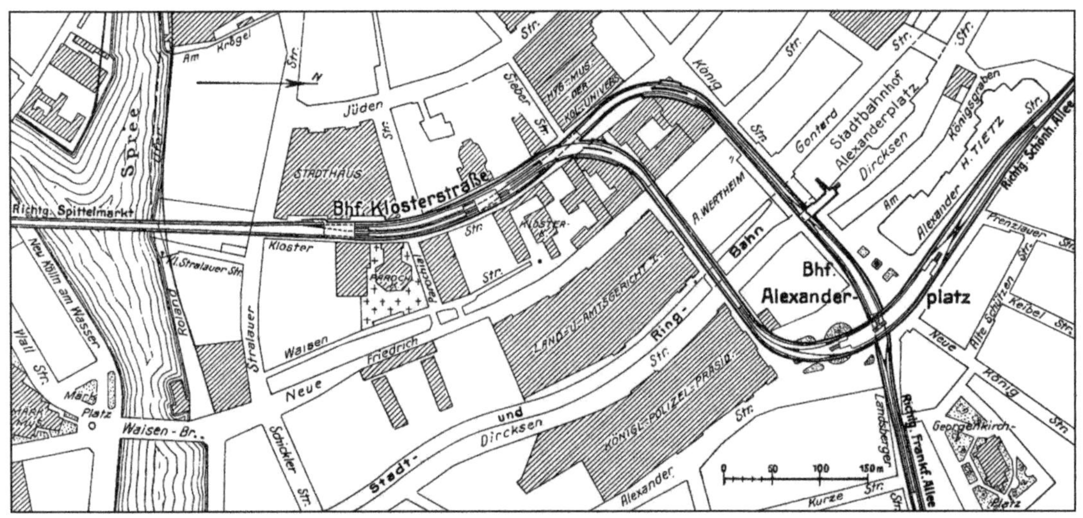

Abb. 70. Verzweigung der Innenstadtlinien im Bahnhof Klosterstraße.

Spittelmarktstation bewegt sich die neue Linie im Gefälle auf die Spree zu, die sie unmittelbar oberhalb der Fischerbrücke unterfährt. In das Gefälle ist die Haltestelle Inselbrücke eingeschoben, deren Tiefenlage es ermöglichte, den Bahnhofsraum mit einem hohen Rundbogen zu überspannen *(Abb. 65 u. 68)*. Am Fuß des Abstiegs vom Bahnhof Inselbrücke zur Spree *(Abb. 69)*, etwa unter der Mitte des Wasserlaufes, befindet sich die Schienenkrone rd. 9 m unter dem Niedrigwasserspiegel des Flusses. Zur Nordseite des Flusses aufsteigend, gelangt die Bahn zum Bahnhof Klosterstraße *(Abb. 70 u. 71)*, der an dem neuen Berliner

Stadthaus seinen Anfang nimmt. Der Bahnhof ist in der auf den früheren Strecken üblichen Bauweise mit flacher Decke möglichst dicht unter dem Straßenboden angelegt; der Vorraum des unmittelbar neben dem Stadthaus befindlichen Südeinganges der Haltestelle ist mit Majoliken aus den Königlichen Werkstätten in Cadinen geschmückt und enthält auf einer von Künstlerhand entworfenen, reich geschmückten Bronzetafel die wichtigsten Begebenheiten aus der Entwicklungsgeschichte des Unternehmens. Der Bahnhof ist im übrigen so angelegt, dass die Zweiggleise der Frankfurter Allee-Linie späterhin ohne weiteres eingefügt werden können (Abb. 65 u. 68).

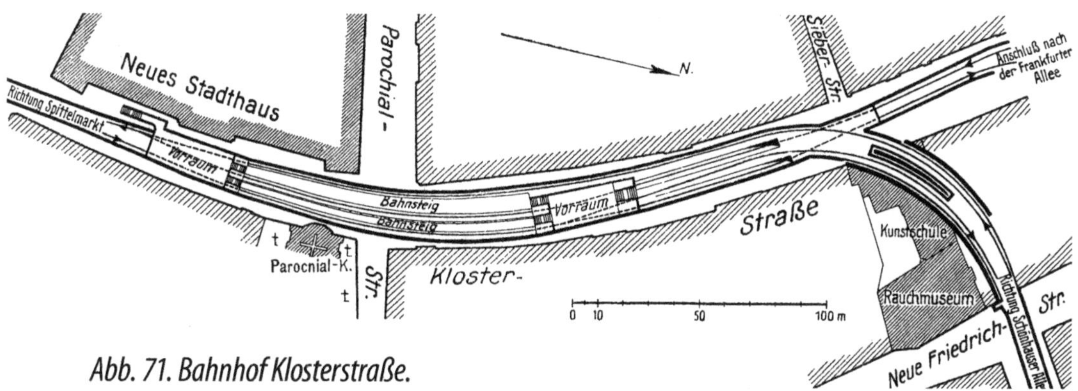

Abb. 71. Bahnhof Klosterstraße.

Vom Bahnhof Klosterstraße biegt die Nordringlinie unter der Kunstschule hindurch in die Grunerstraße ein und gelangt durch diese zum Alexanderplatz, den sie nach der Münzstraße zu mit einem südnördlich gerichteten Durchgangsbahnhof unterfährt. Auch die Abzweigung zur Frankfurter Allee wird späterhin (durch die Königstraße) zum Alexanderplatz abschwenken und sich mit einem Westostbahnhof unter den Bahnhof der Nordringlinie legen, in den der Unterbau des Westostbahnhofs bereits mit eingebaut ist. Die nach Art des neuen Gleisdreieckbahnhofs der

Hochbahn einander kreuzweise unterfahrenden beiden Tiefbahnhöfe werden späterhin durch eine Treppenanlage miteinander verbunden, zu deren Aufnahme die Bahnsteige entsprechend verbreitert sind. Der Oberbahnhof ist Doppelkehrstation; sowohl nach der Stammlinie als auch nach dem Nordring zu können Züge in diesem Bahnhof zurückgelenkt werden.

Die weiter folgenden Bahnhöfe der Nordringlinie sind einfache Durchgangsstationen. Die Bahnhöfe Schönhauser Tor und Senefelderplatz befinden sich noch in der Untergrundbahn; dann treten die Gleise auf einer Rampe zutage und bewegen sich auf eisernem Viadukt *(Abb. 84)* über die Zwischenhaltestelle Danziger Straße *(s. S. 119)* weiter zur Endhaltestelle Nordring unmittelbar neben der Nordringstation Schönhauser Allee der Staatsbahn.

Die sämtlichen neuen Bahnhöfe haben Mittelsteige von 110 m Länge, die für die Abfertigung von Achtwagenzügen ausreicht.

Neben dem Bahnhof Senefelderplatz befindet sich ein unterirdischer Maschinenraum, in dem vom Kraftwerk Unterspree der Hoch- und Untergrundbahn zugeleiteter Drehstrom von 10 000 V Spannung in Gleichstrom von rd. 780 V umgeformt wird, der die Strecke südwärts bis. zur Klosterstraße speist; die Stromversorgung bis zum Spittelmarkt wird vom Kraftwerk in der Trebbiner Straße mit übernommen. Die neue Strecke beansprucht in mehr als einer Beziehung ein besonderes Interesse. Sie ist die erste voll betriebene Schnellbahn, die unter einem der hauptstädtischen Wasserläufe hindurchgeführt ist. Damit ist die Herstellung von Bahntunneln in dem wasserführenden Sand des Berliner Untergrundes um eine den Verhältnissen angepasste wohlerprobte Bauweise bereichert, die für die zahlreichen späteren Ausführungen gleicher Art die wert-

vollste Grundlage liefert. Eine weitere einschneidende Maß-
regel ist in der Einführung des selbsttätigen Signalsystems
zu erblicken, das die Hochbahngesellschaft nach und nach
auf ihrem ganzen Liniennetz zur Durchführung zu bringen
beabsichtigt. Die Bedeutung des fertigen Werkes wird aber
auch äußerlich erhöht durch die künstlerische Behandlung
der gesamten Erscheinungsform, bei der die während der
seitherigen Ausführungen gesammelten Erfahrungen sorgfältig nutzbar gemacht sind. Um die künstlerische Durch-
bildung hat sich Professor Grenander besondere Verdienste
erworben.

Der Bau des Spreetunnels und das selbsttätige Signalsystem sind in den folgenden Abschnitten näher erläutert.

1. Der Spreetunnel

Über die Ausführung des Spreetunnels habe ich ab *Seite 55*
ausführlich berichtet, kann mich daher hier auf eine kürze-
re Mitteilung beschränken.

Der Spreetunnel ist das erste große Tunnelbauwerk, das
hierzulande – nach Chicagoer und anderen Vorbildern –
unter einem Fluss in offener Baugrube ausgeführt wurde.
Die offene Bauweise ergab den Vorteil, dass der Tunnel
verhältnismäßig dicht unter der Spreesohle angelegt und
so das verlorene Bahngefälle möglichst eingeschränkt werden konnte. Die Bauausführung selbst erschien auch für die
Berliner Verhältnisse durchführbar, da die Spree im Zuge
der Bahnachse eine größte Wassertiefe von nur 3,5 m hat
und der Untergrund aus reinem Kies besteht. Auch die
Trockenlegung der Baugrube, die durch Absenkung des
Grundwassers erfolgte, ließ keine besonderen Hindernisse
erwarten, da die Flusssohle aus einer sedimentären Decke

von 0,8 –1,0 m Stärke gebildet wurde, die den offenen Wasserlauf als undurchlässige Schale vom Grundwasserstrom trennt.

Die Ausführung des Tunnels in dem 125 m breiten Spreebett konnte in zwei Abschnitten erfolgen. Es wurde in Aussicht genommen, zunächst den Südabschnitt als Teil der an die bestehende Bahnlinie anschließenden Erweiterung Spittelmarkt – Inselstraße, dann den Nordabschnitt im Zusammenhang mit den Bauausführungen auf der Nordseite der Spree auszuführen, endlich beide Abschnitte inmitten des Flusses miteinander zu verbinden.

Im Frühjahr 1910 wurde mit den Bauausführungen begonnen. Wie ab *Seite 55* eingehender dargelegt, wurde zunächst durch einen an das Südufer angebauten Fangdamm ein breiteres Arbeitsfeld vom Fluss abgetrennt, das durch Auspumpen des Spreewassers und Beseitigen der Schlammdecke trocken gelegt wurde, bei gleichzeitiger Absenkung des Grundwasserspiegels. Auf diesem Feld erfolgte zwischen Tiefspundwänden der eigentliche Einbau des Tunnelkörpers, der als vierseitige, mit starker Eiseneinbettung verstärkte Betonröhre mit Wand- und Deckenstärken von 1,0 m und einer Sohlenstärke von 1,3 m ausgebildet wurde *(Abb. 58)*. Die Röhre ist durch Umklebung mit vierfacher Papplage wasserdicht gemacht, die ihrerseits wieder durch eine Hülle aus Beton gegen Verletzungen geschützt ist. Das Ende der Tunnelröhre wurde durch eine doppelte Stirnwand abgeschlossen, der Arbeitsraum zwischen Tunnel und Tiefspundwand im unteren Teil mit Kies, im oberen mit Beton ausgefüllt, das Ganze sodann zum Schutz gegen Verletzungen durch Schiffsanker und gegen andere Eingriffe mit einer Eisenblechabdeckung belegt. Eine Basaltschotterung endlich stellt den Anschluss an die Spreesohle wieder her.

Die Absenkung des Grundwassers erfolgte in den oberen Schichten durch Kreiselpumpen, in den tieferen dagegen, in denen sich die Wasserhaltung schwieriger gestaltete, mittels einer Mammutpumpenanlage. So wurde die Ausführung des südlichen Tunnelabschnitts ohne wesentliche Schwierigkeiten zu Ende geführt.

Die Bauvorgänge im nördlichen Teile des Spreebettes stellten im Wesentlichen eine Wiederholung derjenigen des ersten Bauabschnitts dar, mit dem Unterschied, dass das fertige Ende des Südtunnels in das Arbeitsfeld für den Nordabschnitt, das an das nördliche Spreeufer angeschlossen wurde, von vornherein einbezogen werden musste. Der das nördliche Feld umgrenzende Fangdamm musste daher über den Rücken des Südtunnels hinübergeführt und an den Berührungsstellen gegen den vorhandenen Tunnelkörper sorgfältig abgedichtet werden. Auch hier verliefen die Arbeiten zunächst in durchaus befriedigender Weise. Kurz vor Beendigung der Ausschachtungen jedoch, als schon die Sohle des nördlichen Tunnelabschnitts fast bis zur Spreemitte fertiggestellt war, machten sich am Kopfende des Südtunnels Wasseradern bemerkbar, die stärker wurden, als die Arbeiten den Südtunnel ganz erreichten. Eine unter der Sohle des Südtunnels auftretende Quellbildung hatte erkennen lassen, dass sich die Spree von der Oberwasserseite einen Durchzug zur Baugrube suchte. Die Bemühungen, die Quellung abzudämmen, blieben erfolglos. Mit wachsendem Wasserandrang wurde an der der Oberwasserseite zugekehrten Ecke des Kopffangdammes ein Teil der äußeren Spundwand eingedrückt und infolge der entstandenen Auskolkung auch dem frei stehenden Ende des Südtunnels seine stützende Unterlage genommen; die Tunneldecke brach in einer Entfernung von 16 m von der Abschlusswand in der Querrichtung durch. Durch die Bruchstelle drang nunmehr auch offenes

Spreewasser in die fertigen Tunnelstrecken, so dass der Betrieb zwischen Leipziger Platz und Spittelmarkt eingestellt werden musste. Durch geeignete Maßnahmen gelang es indessen bald, des Wassers in den Betriebsstrecken Herr zu werden, so dass der Bahnverkehr bis zum Spittelmarkt nach einigen Tagen wieder aufgenommen werden konnte.

Die Ursachen des Durchbruchs sind in den Einzelheiten nicht mit voller Sicherheit festgestellt worden. Die Grundursache ist darin zu erblicken, dass die Schifffahrtsverhältnisse dazu genötigt hatten, den auf den Südtunnel aufgesetzten Kopf des Nordfangdamms stark gegen das Tunnelende vorzurücken und außerdem bedeutend abzuschrägen. Dazu kam, dass die Einschränkung des Flussbettes eine Verstärkung der Strömung an der Anschlussstelle zur Folge hatte. Unter diesen Umständen kann es nicht wundernehmen, dass dem Durchzug von Wasseradern nicht mehr genügend Widerstand entgegengesetzt wurde. Die Reibungswiderstände im Erdreich selbst waren durch die Aufräumungsarbeiten im südlichen Teil des Spreebettes beeinträchtigt, die Verletzungen im Spreegrund hinterlassen hatten.

Die Verhältnisse machten eine Änderung der Bauweise erforderlich. Vor allen Dingen war die nördliche Baustelle durch einen neuen Kopffangdamm abzuschließen, der gegen den früheren nach Norden zu verschoben gleichzeitig als Abschluss für die eigentliche Tunnelbaugrube diente. Im Schutz des Dammes konnte nunmehr die Fertigstellung des Nordtunnels ohne Schwierigkeiten zu Ende geführt werden, so dass die Spree am Nordufer für den Schiffsverkehr wieder frei wurde und die Wiederherstellungsarbeiten in der Mitte des Flusses alsbald in Angriff genommen werden konnten. Zu diesem Zweck wurde inmitten der Spree durch einen Ringfangdamm ein neues inselförmiges Arbeitsfeld *(Abb. 52)* geschaffen, in das die Kolkstelle einbezogen wurde; auf diesem Feld wurden die Schlussarbeiten vollzogen. Diese Arbeiten hatten mit der Absenkung des Wasserspiegels einzusetzen.

Die bei der Herstellung des Südtunnels gesammelten Erfahrungen ließen es angezeigt erscheinen, auf die Wasserdichtigkeit der Spreesohle in der südlichen Fahrrinne besonderes Augenmerk zu richten. Bei probeweisem Absenken des vom Ringfangdamm eingeschlossenen Wasserspiegels beobachtete Quellungen zeigten, dass besondere Vorkehrungen in dieser Beziehung getroffen werden mussten. Die Möglichkeit weiteren Wasserzudranges wurde durch Abdichtung der Spreesohle in der südlichen Stromrinne beseitigt. Von den dafür durch die Technik an die Hand gegebenen Mitteln wurde dasjenige gewählt, das beispielsweise vor einem Jahrzehnt beim Bau der Kieler Dockanlagen Anwendung gefunden hat. Die Sohle wurde durch ein 2000 m² großes, getränktes Segeltuch abgedeckt, das aus drei quer zur Flussrichtung laufenden Bahnen zusammengesetzt wurde. Damit war die Gefahr erneuten Wassereinbruchs beseitigt. Bei Freilegung des unterspülten Tunnelkörpers zeigte sich in der Tunneldecke ein 10 cm breiter Spalt, der durch die Seitenwände bis zur Tunnelsohle hinabreichte; der Tunnelkopf selbst hatte sich um 80 cm gesenkt. Nach diesem Befund und da der Zustand des Untergrundes und der Sohlendichtung nicht untersucht werden konnte, wurde beschlossen, das abgetrennte Tunnelstück vollständig abzubrechen. Alsdann konnte mit dem Einbau des Schlussstückes zwischen Nord- und Südtunnel begonnen werden.

Die Wiederherstellungsarbeiten nahmen glatten Verlauf. Nach Aufräumung der Baustelle wurde der Sohlenkolk, der eine Tiefe von 1,6 m zeigte, mit Beton gefüllt, dann mit dem Wiederaufbau des Tunnels begonnen, der ohne weitere Störung im März 1913 zu Ende geführt wurde.

Die bauausführende Gesellschaft f. d. Bau von Untergrundbahnen in Berlin und ihre bewährten Leiter, Dr.-Ing. W. Lauter und Rudloff, hatten damit eine ungemein schwierige technische Aufgabe unter neuen Verhältnissen zu glücklichem
Ende geführt. Die Gründlichkeit und Sachkenntnis, mit der
die Gesellschaft, die das ganze Risiko der schwierigen Bauausführung getragen hat, die Wiederherstellungsarbeiten
ausführte, verdienen uneingeschränkte Anerkennung.

2. Das selbsttätige Signalsystem

Die neue Netzgestaltung des Unternehmens der Hoch- und
Untergrundbahngesellschaft wird nach und nach eine sehr
starke Vermehrung des Zugumlaufs erforderlich machen.
Die Gesellschaft trifft dafür Vorsorge, dass in den Zeiten
großen Verkehrsandranges auf jeder der beiden Stammlinien 40 bis 50 Achtwagenzüge mit je einen Fassungsraum
von 500 Personen stündlich in jeder Richtung abgefertigt
werden können.

An Stelle der bisherigen handbedienten Signaleinrich-
tungen, mit denen eine solche Leistung nicht zu erreichen
ist, tritt eine mit Gleisstrom bediente selbsttätige Siche-
rungsanlage der englischen Firma Mc Kenzie, Holland and
Westinghouse, wie sie auf den Londoner Stadtschnellbahnen – unter fürsorglicher Überwachung durch das Han-
delsamt – in vieljährigem Betrieb erprobt und bewährt ist,
und die in ihrer Anpassungsfähigkeit, insbesondere auch
auf Tunnelstrecken, eine beliebig weitgehende Aufteilung
der Stationsabstände in Streckenabschnitte ermöglicht.
Auf diese Weise wird die Leistungsfähigkeit des ganzen Unternehmens auf ein Maß erhöht, das bisher auf deutschen
Stadtschnellbahnen unbekannt war.

Als Sicherungsmittel für den Zugbetrieb dienen die Gleisströme, im vorliegenden Fall – wie lange schon auf nordamerikanischen Stadtschnellbahnen – Wechselströme, die sich zu ihren Arbeitsverrichtungen desselben Leitungsmittels bedienen, wie der zur Fortbewegung der Züge verwendete Gleichstrom, nämlich der Fahrschienen. Der Bahnstrom muss seinen Weg durch die Fahrschienen ununterbrochen fortsetzen.

Das Tätigkeitsgebiet der Signalströme (Gleisströme) aber ist auf die einzelnen Streckenabschnitte beschränkt, deren Schienenstränge daher voneinander elektrisch getrennt werden durch isolierende Stöße, gegen welche die Signale um das Maß der sogenannten Überschneidung – d. i. etwa des 1½-fachen längsten Bremsweges – in der Fahrtrichtung verschoben sind. Weitere Voraussetzung für die Arbeitsweise des Signalstroms ist, dass ihm in einem und demselben Streckenabschnitte der Weg von einem Schienenstrang zum anderen gesperrt ist. Daraus ergibt sich die Bedingung, dass leitende Verbindungen zwischen den beiden Schienensträngen eines Streckenabschnitts vermieden und gegebenenfalls durch isolierende Zwischenlagen getrennt werden müssen. Kies- oder Steinschlagbettung und hölzerne Querschwellen erfüllen die angegebene Bedingung, denn sie sind für den Signalstrom nichtleitend.

Um nun aber den Bahnstrom an den isolierenden Fahrschienenstößen unbehindert weiter führen zu können, sind als leitende Überbrückungen dieser Stoßstellen, sogenannte Impedanzverbinder eingebaut *(Abb. 72)*, die den Bahnstrom ungehindert durchlassen, während sie dem Gleisstrom den Durchgang verwehren. Auf jeder Seite der isolierenden Trennstellen sind die zusammengehörenden Schienenenden leitend miteinander verbunden. In die Verbindungen sind Windungen aus starkem Stabkupfer eingeschaltet, die in geschlossenen Gehäusen liegen; zwischen den Mitten der beiden Windungen befindet sich wiederum eine leitende Verbindung. Der Bahnstrom fließt von den Schienensträngen des einen Streckenabschnitts gegen die Mitte der einen Windung, von dieser zur Mitte der anderen und verteilt sich von hier nach den beiden Schienensträngen des anderen Streckenabschnitts. Da die in den beiden Windungshälften

Abb. 72. Impedanzverbinder mit Anschluss eines Verstärkerkabels
für den Bahnrückstrom.

fließenden Strombestandteile entgegengesetzte Richtung haben, sind auch die von ihnen in den Windungshälften hervorgerufenen Kraftlinienfelder entgegengesetzt gerichtet und halten sich, da sie ungefähr gleich groß sind, das Gleichgewicht. Der Signalstrom – Wechselstrom – findet aber in den Verbinderwindungen infolge des von ihm erzeugten Kraftlinienfeldes einen großen induktiven Widerstand. Er wird dadurch so geschwächt, dass er weder zur gegenüberliegenden noch zur Nachbarschiene gelangen, also ohne weiteres zum Signalbetrieb benutzt werden kann.

Die Speisung der Streckenabschnitte erfolgt durch Transformatoren, deren Hochspannungsseite an den Signalspeiseleitungen liegt, während die Pole der Niederspannungsseiten an den Enden der Streckenabschnitte mit den Schienen verbunden sind. Der niedrig gespannte Wechselstrom eines Streckenabschnitts gelangt durch die Fahrschienenstränge nach dem anderen Ende des Abschnitts und wirkt dort auf ein Relais, das in erregtem Zustande auf die Signalstellung einwirkt.

Im durchlaufenden Streckenbetrieb werden die Signale durch die Züge selbst unter der Einwirkung des Gleisstroms vollkommen selbsttätig gestellt. Auf Bahnhöfen und Abzweigungen dagegen, wo also Weichen und Signale in Abhängigkeit zueinanderstehen, erfolgt die Freigabe der Signale vom Stellwerk aus, während die Haltstellung der Signale wieder durch die Züge mittels des Gleisstroms erfolgt. Die Signalbedienung ist in diesem Fall eine halbselbsttätige. Stellbezirke, in denen die Weichen nur zu bestimmten, durch den Fahrplan festgelegten Zeiten bedient zu werden brauchen, werden für die übrige Zeit in den rein selbsttätigen Signalbetrieb einbezogen. Halbselbsttätige Signale zeigen in der Grundstellung Halt, selbsttätige dagegen Fahrt frei. Treten in diesem Falle Störungen in der Signalanlage auf, so gehen die Signale alsbald selbsttätig auf Halt. Ferner übertragen sich die Störungen nicht, wie bei den bisherigen Sicherungsanlagen, auf längere Strecken, sondern bleiben örtlich begrenzt.

Im rein selbsttätigen Signalbetrieb deckt sich ein in einem Streckenabschnitt befindlicher Zug durch Kurzschluss des Gleisstroms in diesem Abschnitt wie folgt selbsttätig. Sobald das erste Räderpaar des Zuges in einen Streckenabschnitt einfährt, dessen Signal *Fahrt frei* gezeigt hat, wird der Gleisstromkreis durch die Räder und Achse kurzgeschlossen; die dadurch bewirkte Ablenkung des Stroms vom Relais hat die Haltstellung des Signals zur Folge. In dieser verbleibt es, bis die letzte Zugachse den zu deckenden Streckenabschnitt verlassen hat. In Stellbezirken verriegelt der Gleisstrom die Hebel in der Art, dass ein Signal nur bei unbesetztem Abschnitt auf Fahrt frei gestellt und eine Weiche nur umgestellt werden kann, wenn sich kein Fahrzeug in gefährlicher Nähe befindet. Sobald ein Zug an einem Signal vorbeigefahren ist, geht dieses auf Halt, ohne dass das Zurücklegen des Signalschalters durch den Stellwärter abgewartet wird. Solange ein Zug gedeckt bleiben muss, lässt der Gleisstrom die Fahrstellung des deckenden Signals nicht zu. Fahrt frei zeigende Signale können jedoch vom Stellwärter beliebig auf Halt gestellt werden. Ein Weichenhebel bleibt so lange verriegelt, bis der Zugschluss die Weiche verlassen hat. Der Gleisstrom gibt im Stellwerk Weichen- und Signalhebel nur dann frei, wenn die Umstellung ohne Gefahr für den Betrieb erfolgen kann. Die Züge nehmen also an ihrer Sicherung selbst den stärksten Anteil.

Abb. 73 zeigt ein Bild des Stellwerks im Bahnhof Alexanderplatz. Von den bei

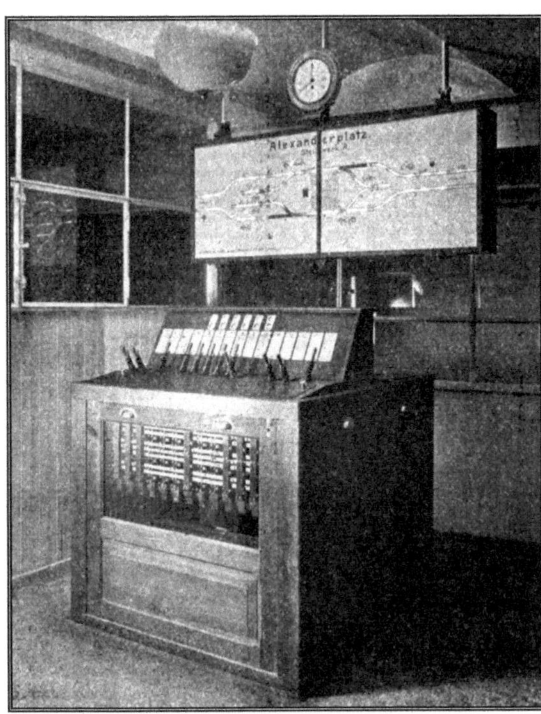

Abb. 73. Stellwerk mit Gleistafel im Bahnhof Alexanderplatz. Die Gleistafel veranschaulicht die Deckung zweier Weichen. An der Vorderseite des Stellwerks sind die mechanischen Verschlüsse, über den Beschilderungen der Stellhebel die Zungenkontrollen der Weichen sichtbar.

den bisherigen Anlagen vorhandenen Melde- und Wecke-
reinrichtungen ist, wie man sieht, nichts mehr zu finden;
dagegen befindet sich über dem Stellwerk eine leuchtende
Gleistafel *(Abb. 74)*, auf der durch schrittweise Abdunke-
lung der einzelnen Gleisabschnitte die Stellung und das
Vorrücken jedes Zuges innerhalb des Stellbezirks fortlau-
fend angezeigt werden. Der Stellwärter ist nicht mehr, wie
bisher, genötigt, auf den Lauf der Züge zu achten, deren
Bewegung sich vor ihm auf der Gleistafel übersichtlich ab-

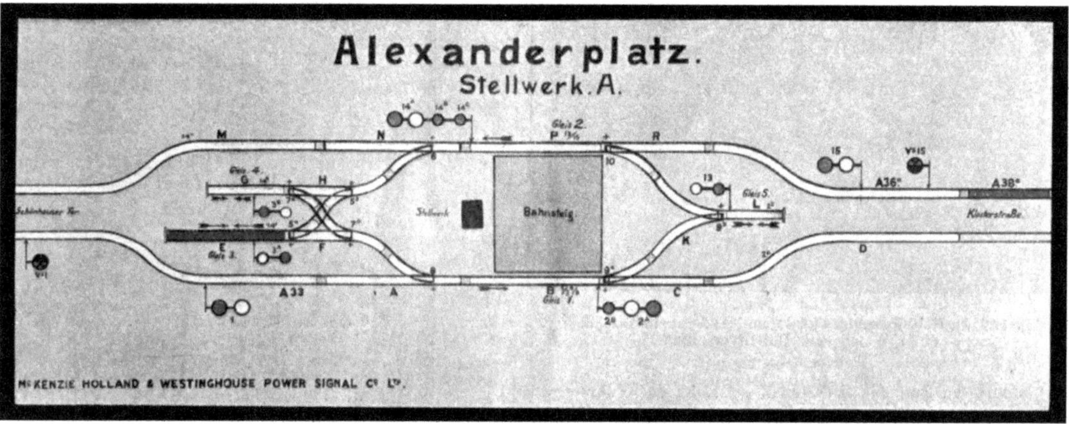

Abb. 74. Gleistafel über dem Stellwerk des Alexanderplatzbahnhofs.
Vom Bahnhof Klosterstraße nähert sich ein Zug dem Signal 15 (Abschnitt 38a dunkel); Kehrgleis 3 ist besetzt (Abschnitt E dunkel). Die Signale 15, 3A, ferner 2A und
14A zeigen ›Fahrt frei‹ (grünes Licht); die übrigen Signale zeigen ›Halt‹ (rotes Licht).

spielt; er braucht auch nicht mehr nach dem Schlusssig-
nal der Züge zu sehen, da im Fall einer Zugtrennung jeder
Zugteil einen Zug für sich darstellt, der für seine Deckung
selbst sorgt. Auf der Gleistafel sind aber nicht nur die Zug-
bewegungen zu verfolgen; sie gibt auch den Wechsel aller
Signale getreulich wieder, der im Stellbezirk vor sich geht.
Endlich wird der Stellwärter durch leuchtende Zeichen
– Plus oder Minus – die sich oberhalb der Weichenschalter

hinter kleinen Schauöffnungen einstellen, darüber verge-
wissert, dass die Weichenzungen richtig liegen und ord-
nungsmäßig schließen.

Sollten sich Widerstände zwischen die Zungen klemmen,
so dass sie nicht genau zum Anliegen kommen, so schaltet
das Stellwerk den Antriebstrom der Weiche selbsttätig aus;
das erwartete Plus- oder Minus-Zeichen erscheint nicht.
Bezüglich der Weichen selbst ist noch zu bemerken, dass
Antrieb, Zungenkontrolle und Aufschneidvorrichtung voneinander getrennt sind *(Abb. 75)*, damit bei Vornahme von
Handhabungen an einer der Vorrichtungen die anderen
nicht in Mitleidenschaft gezogen werden. Diese Trennung
entspringt einer Vorschrift des englischen Handels-
amts. Ein Signalsystem bie-
tet im übrigen nur dann aus-
reichenden Schutz, wenn die
Signale von den Zugfahrern
gehörig beachtet werden.
Um für solche Fälle Sicherheit zu schaffen, in denen
ein Fahrer durch plötzliche
Erkrankung oder Unacht-
samkeit ein Haltsignal überfährt, ist jedem Hauptsignal
noch eine Fahrsperre bei-
geordnet, die in den lichten

*Abb. 75. Antrieb, Zungenkontrolle und Aufschneid-
vorrichtung einer Weiche mit Hakenverschluss.*

Raum der Betriebsmittel hineinragt, wenn das Signal ›Halt‹
zeigt *(Abb. 76)*. Überfährt der Zug das Haltsignal, so zieht
die Fahrsperre die Bremse des Zuges selbsttätig an und stellt
gleichzeitig den Bahnstrom ab. Die Fahrsperre arbeitet unabhängig von dem Signal, mit dem sie parallel geschaltet ist,
so dass Störungen des Signals die Wirkung der Fahrsperre

nicht beeinträchtigen und umgekehrt. Da der von den Signalen begrenzte Raumabstand der Züge beträchtlich größer ist, als die Länge der Strecke, auf der ein auch mit der höchsten Geschwindigkeit fahrender Zug sich abbremst, so ist auch ausgeschlossen, dass ein Zug zu dicht an den Vorzug heranrücken kann. Zwischen den Signalen besteht ferner die Abhängigkeit, dass, falls ein Signal, das ›Halt‹ zeigen müsste, aus Störungsgründen auf Fahrt frei stehen bleibt, das rückliegende Signal nicht in die Stellung Fahrt frei gelangen kann; eine gleichartige Abhängigkeit besteht zur weiteren Sicherheit auch zwischen den Fahrsperren selbst.

Das selbsttätige Signalsystem soll in der gleichen Ausbildung, wie auf der Nordringlinie, nach und nach auf alle Linien der Hochbahngesellschaft ausgedehnt

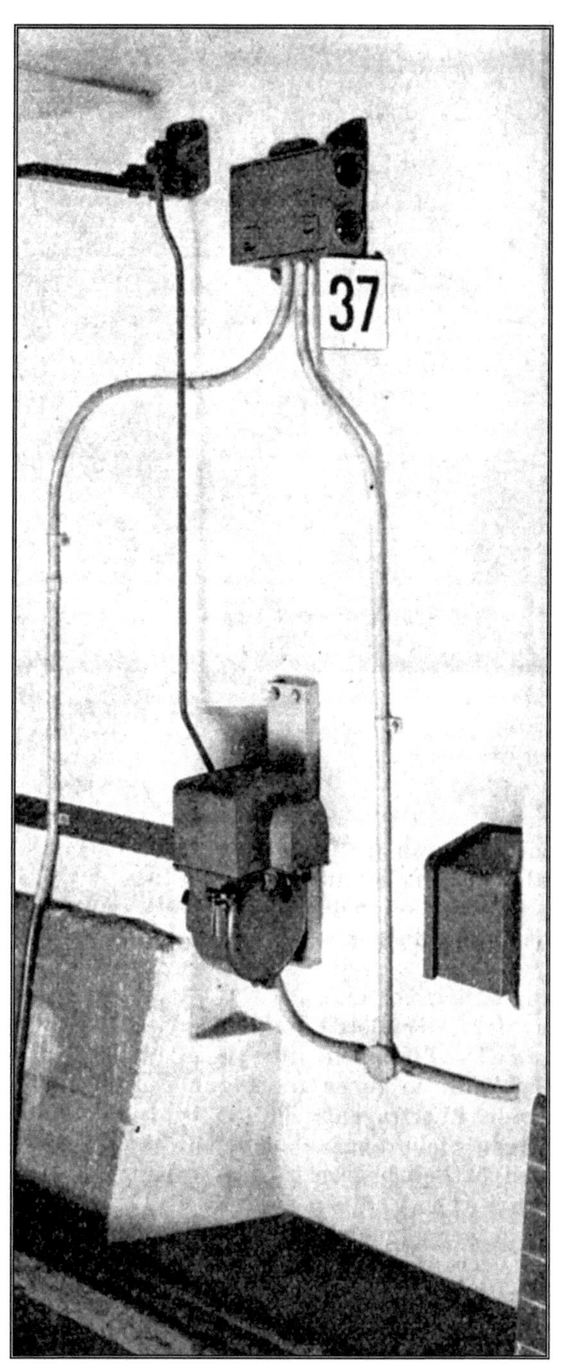

Abb. 76. Blocksignal 37 mit Fahrsperre und deren Antrieb.

werden. Dann werden die sämtlichen Signalwärter, die bisher auf den Bahnsteigen den Durchgangsblock bedienen, verschwinden. Es wird ein Zustand eintreten, wie man ihn schon jetzt auf den Bahnhöfen Inselstraße und Klosterstraße wahrnehmen kann. Auf Verzweigungs- und Umkehrstationen wird der gesamte Sicherheitsdienst im Stellwerk mit einer wohltuenden Ruhe der Handhabungen ausschließlich nach Weisung der leuchtenden Gleistafel besorgt, ohne dass der Wärter den Zug oder das Zugpersonal ihn selbst wahrnimmt. Die Dienstvorschriften sind dabei wesentlich vereinfacht.

Auf der neuen Hochbahnstrecke ist die Unterteilung der Stationsabstände einstweilen noch nicht so weit durchgeführt, wie es die dichtest mögliche Zugfolge späterhin nötig machen wird. Sobald aber auf den Stammstrecken, in erster Linie Alexanderplatz – Spittelmarkt – Wittenbergplatz, 40 bis 50 Züge in der Stunde auf einem Gleis befördert werden, wie dies in Zukunft beabsichtigt wird, tritt auch eine Vermehrung der Signale ein. In dem Maß, wie die Verdichtung der Zugfolge fortschreitet, werden dann die Stationsabstände durch Einschiebung von Blocksignalen weiter unterteilt, die Zugabfertigung auf den Stationen selbst aber dadurch beschleunigt, dass zwischen den Einfahrsignalen und den Bahnsteigen nach Bedarf noch Nachrücksignale aufgestellt werden, die ein Nachrücken des am Einfahrsignal haltenden Zuges bereits gestatten, wenn der vorliegende Zug den Bahnsteig erst zum Teil verlassen hat.

Das Vorgehen der Hochbahngesellschaft wird ohne allen Zweifel für die Entwicklung des deutschen Stadtschnellbahnwesens bedeutungsvoll sein. Auch in Deutschland dürften die Vorurteile gegen das selbsttätige Signalsystem, das seither von den maßgebenden Firmen so sehr bekämpft wurde, bald endgültig beseitigt sein. ❐

Zur Eröffnung der Erweiterungslinie vom Spittelmarkt über den Alexanderplatz zur Schönhauser Allee

↑ Abb. 77. Hochbahnhof und Ringbahnhof Nordring.

Abb. 78. Aufgang zum Hochbahnhof Danziger Straße.

Allgemeines.

- Vertrag zwischen der Stadt Berlin und der Hochbahngesellschaft über die Strecke Potsdamer Platz – Spittelmarkt – Alexanderplatz – Schönhauser Allee am 18. April 1906.
- Staatliche Genehmigung für die Strecke Potsdamer Platz – Spittelmarkt am 10. November 1906. Eröffnung bis Spittelmarkt am 1. Oktober 1908.
- Staatliche Genehmigung für die Strecke Spittelmarkt – Alexanderplatz – Schönhauser Allee am 22. Dezember 1907.
- Beginn der Bauarbeiten im März 1910.
- Baubeginn des Spreetunnels im Juni 1910.
- Beginn der Hochbahnausführung in der Schönhauser Allee im März 1911.

- Entwurf und Leitung: Hochbahngesellschaft gemeinsam mit der Siemens & Halske AG, Berlin. Architekturen: Professor Grenander.
- Ausführung der Streckentunnel und des Spreetunnels: Untergrund-Baugesellschaft, Berlin.

Linienführung.

Die Bahn führt als Untergrundbahn vom Spittelmarkt durch die Wallstraße zum Bahnhof ›Inselbrücke‹ und unterfährt dann, nordwärts abbiegend, die Spree. Sie tritt in die Klosterstraße ein – beim Stadthaus der Bahnhof ›Klosterstraße‹ –, unterfährt die Kunstschule und gelangt durch die Grunerstraße zum Bahnhof ›Alexanderplatz‹. Weiterhin folgt die Linie der Münzstraße, der Kaiser-Wilhelm-Straße und der durch das ehemalige Scheunenviertel gelegten Hankestraße mit dem Bahnhof ›Schönhauser Tor‹ und führt in der Schönhauser Allee zum Bahnhof ›Senefelderplatz‹. Von hier aus steigt die Bahn zunächst im Tunnel, dann auf einer Rampe zur Hochbahn auf, in der sich die Bahnhöfe ›Danziger Straße‹ und ›Nordring‹ befinden.

Streckenlängen: Spittelmarkt – Alexanderplatz   1,7 km
Alexanderplatz – Nordring   3,3 km
zusammen   5,0 km

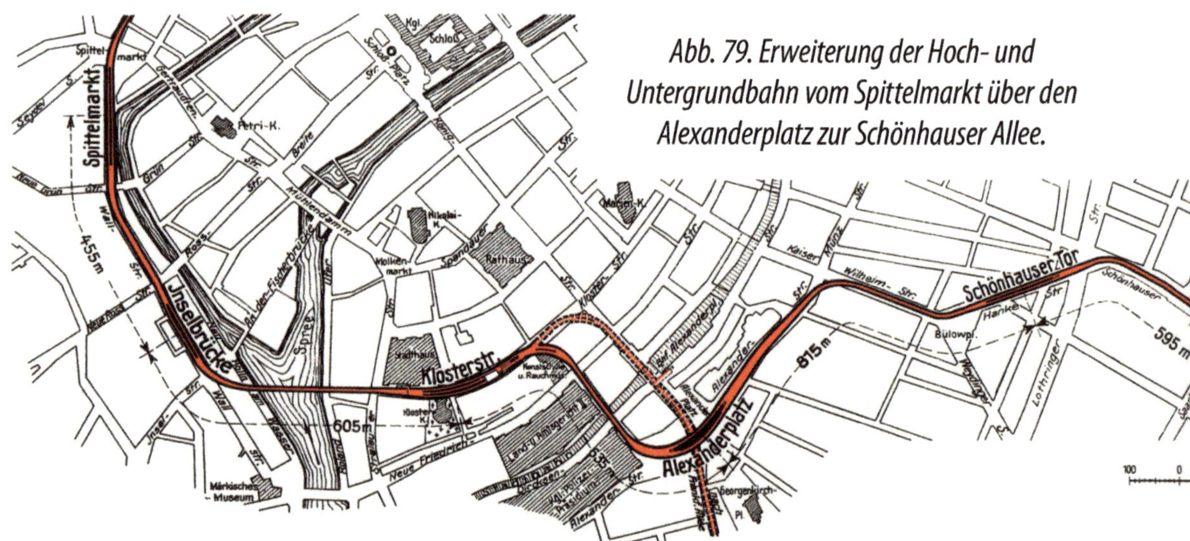

Abb. 79. Erweiterung der Hoch- und Untergrundbahn vom Spittelmarkt über den Alexanderplatz zur Schönhauser Allee.

Untergrundbahnhöfe.

Alle Bahnhöfe haben Mittelbahnsteige von 110 m Länge, entsprechend der Länge eines Achtwagenzuges.

Die Untergrundbahnhöfe sind durch Kennfarben unterschieden, und zwar unter Wiederholung der auf der Spittelmarktlinie angewendeten Farbenfolge nach folgendem Schema:

Inselbrücke	grün	wie Leipziger Platz
Klosterstraße	schwarz	wie Kaiserhof
Alexanderplatz	rot	wie Friedrichstraße
Schönhauser Tor	gelb	wie Hausvogteiplatz
Senefelderplatz	blau	wie Spittelmarkt

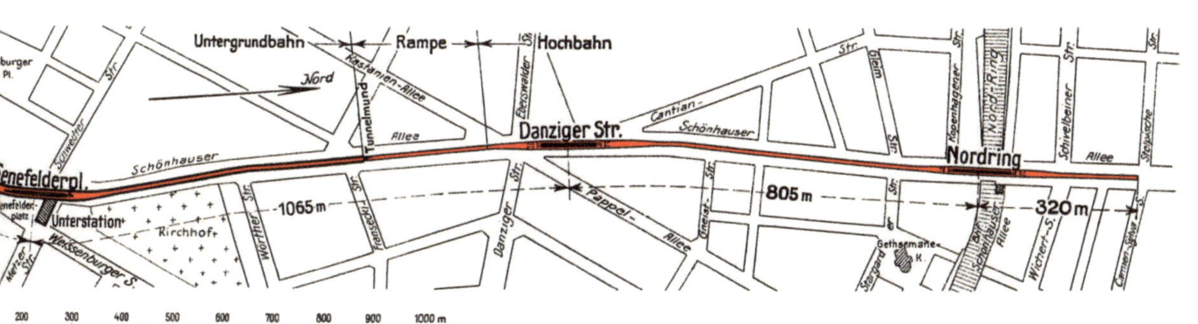

Untergrundbahnstrecke.

Diese bildet die unmittelbare Fortsetzung des Stammbahn-
abschnitts Leipziger Platz – Spittelmarkt.

Der Bahnhof **Inselbrücke** liegt auf dem Abstieg zum Spreetunnel, etwa 6,5 m unter der Straßenfläche. Bei dieser tiefen
Lage konnte der Bahnhofsraum mit hohem Gewölbe über-
spannt werden.

Der Bahnhof **Klosterstraße** ist schon jetzt für die spätere
Aufnahme der Frankfurter Allee-Linie eingerichtet, daher
dreigleisig angelegt; bis zur Eröffnung dieser Linie wird er
unter vorläufiger Abdeckung des mittleren Gleises als einfacher Durchgangsbahnhof betrieben. Der südliche Vorraum
ist mit Majoliken aus den Kgl. Werkstätten in Cadinen ausgekleidet.

Der Bahnhof **Alexanderplatz** reicht vom Polizeipräsidium
bis zur Prenzlauer Straße. Die ungewöhnliche Breite des
Bahnsteiges ist darin begründet, dass auf seinem Mittel-
streifen späterhin die Treppenanlagen ausmünden sollen,
die von dem künftigen Tiefbahnhof der Frankfurter Allee-
Linie heraufführen werden. Der unter dem jetzigen Bahnhof liegende Teil dieses späteren Tiefbahnhofs ist bereits
ausgeführt.

Der Bahnhof **Schönhauser Tor** befindet sich in dem früher
als Scheunenviertel bekannten Stadtteil, welcher der Neu-
bebauung erschlossen ist. Bis hierher liegt der Bahntunnel
im Grundwasser, weiterhin im trockenen Erdreich.

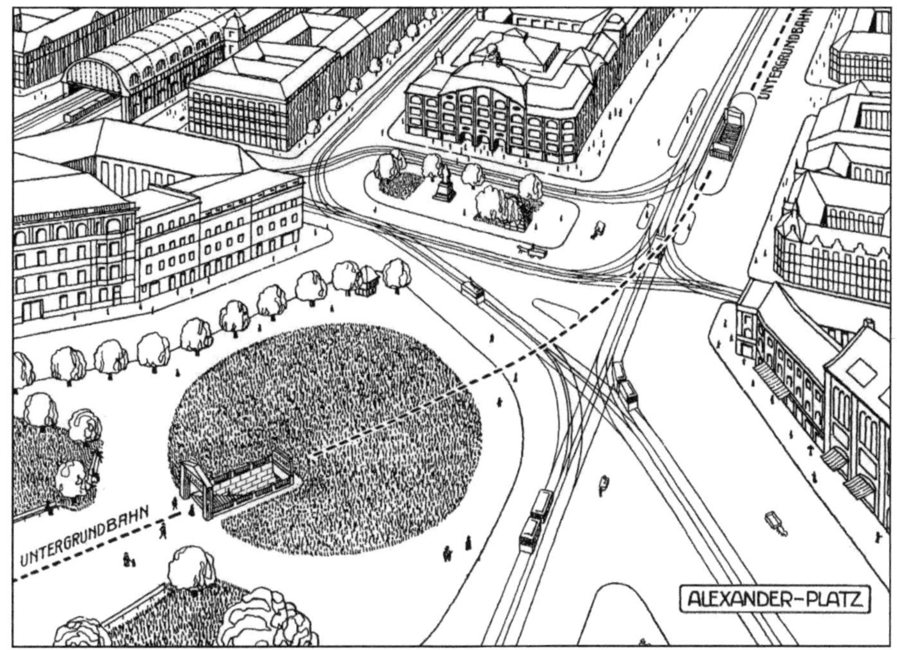

Abb. 80. Der Alexanderplatz mit den Zugängen zur Untergrundbahn.

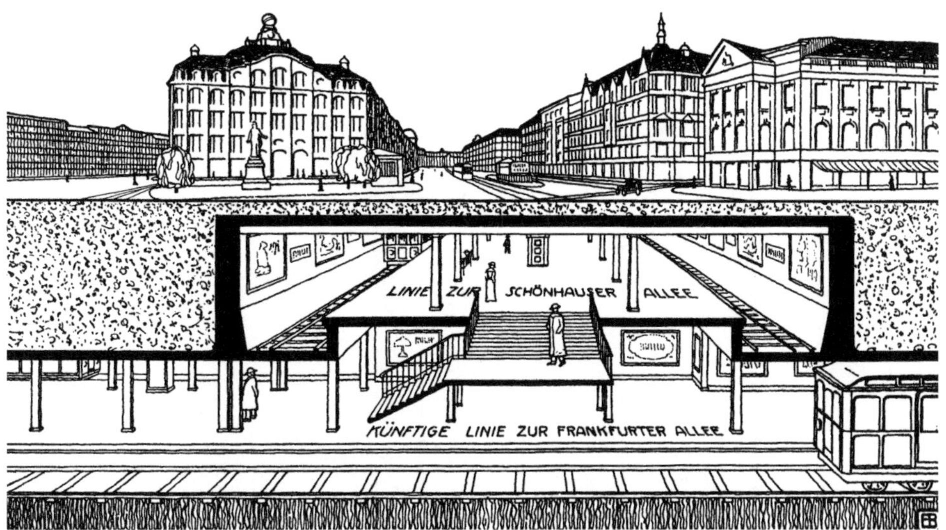

Abb. 81. Schnitt durch die Bahnanlage unter dem Alexanderplatz.
Unten der künftige Bahnhof der Schnellbahn nach der Frankfurter Allee.

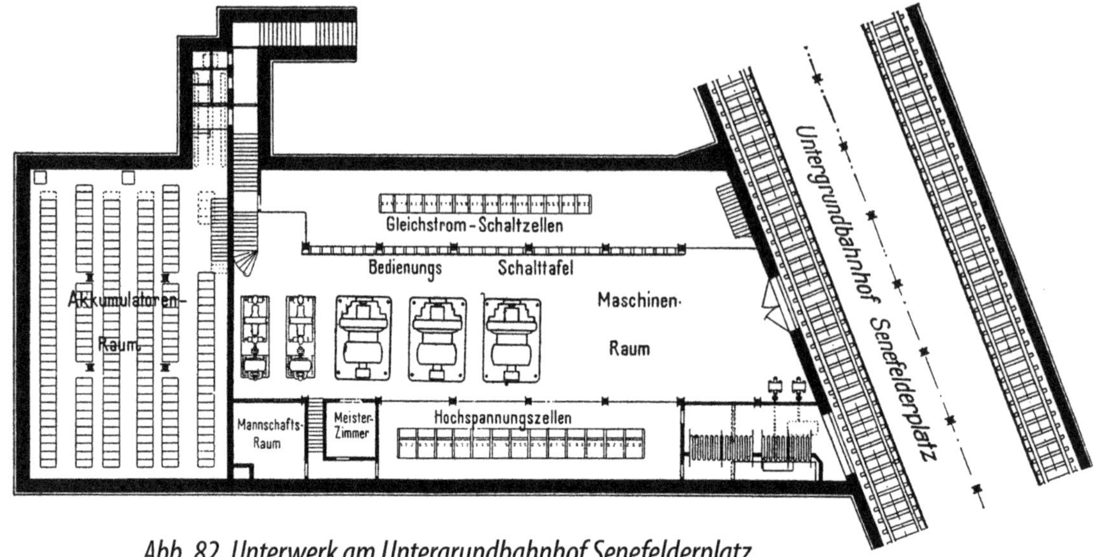

Abb. 82. Unterwerk am Untergrundbahnhof Senefelderplatz.

Unmittelbar neben dem Bahnhof **Senefelderplatz** liegt das Unterwerk, welches die Strecke vom Spittelmarkt bis zum Nordring mit Strom versorgt. Der aus dem Kraftwerk Unterspree hierher geleitete Drehstrom von 10 000 V wird hier in Gleichstrom von 780 V für den Bahnbetrieb umgeformt.

Abb. 83. Rampe zur Hochbahn an der Franseckystraße.

Hochbahnstrecke.

Die Eisenviadukte der Hochbahnstrecke zeigen gegenüber den älteren Viaduktkonstruktionen verschiedene Neuerungen. Während sie auf den alten Bahnstrecken in Gitterwerk ausgeführt sind, wurden für die neuen Viadukte vollwandige Träger verwendet. Bei den gleichartig ausgebildeten Bahnhöfen Danziger Straße und Nordring sind statt der früheren Ausführung seitlicher Bahnsteige – ebenso wie bei den neueren Untergrundbahnhöfen – Mittelbahnsteige angeordnet, deren Länge ebenfalls für Achtwagenzüge bemessen ist; die Bahnsteige sind zu etwa ¾ ihrer Länge überdacht. Die Tagesbeleuchtung der Bahnhöfe erfolgt durch hochliegende Seitenfenster und Oberlichter. Die Weiterführung der Bahn nach Pankow ist in Aussicht genommen.

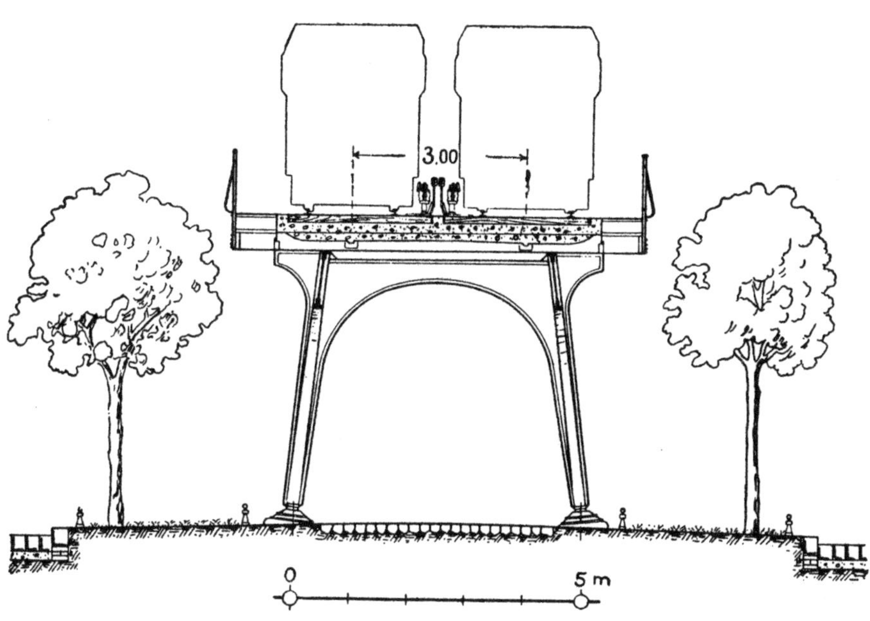

Abb. 84. Querschnitt des Hochbahnviadukts.

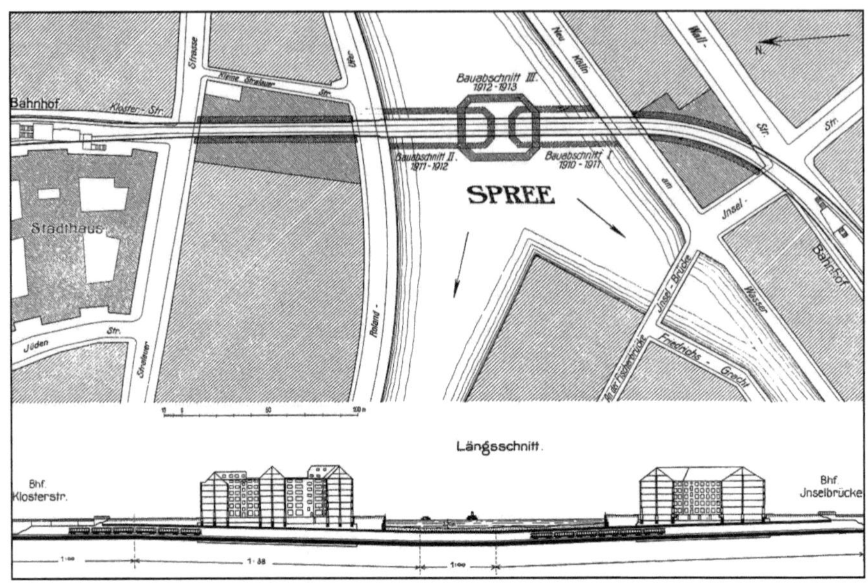

Abb. 85. Tunnel der Untergrundbahn unter der Spree.
Lageplan mit Angabe der drei Bauabschnitte.

Der Spreetunnel.

Der Spreetunnel zwischen den Bahnhöfen Inselbrücke und Klosterstraße wurde in mehreren Bauabschnitten ausgeführt; während der Ausführung durften Schifffahrt und Vorflut nicht unterbrochen werden. Die von Fangedämmen umschlossenen offenen Baugruben wurden leergepumpt und nach Absenkung des Grundwassers bis zur Bausohle ausgeschachtet, so dass die Herstellung des Tunnelkörpers im Trocknen erfolgen konnte. Er ist in Eisenbeton ausgeführt und hat gegen etwaige Verletzungen durch Schiffsanker eine Schutzdecke aus Eisenblechen erhalten, auf der eine starke Steinpackung ruht. Die Länge des Tunnels zwischen den Ufern beträgt rd. 125 m; die Sohle liegt etwa 11 m unter dem Spreespiegel.

Betriebseinrichtungen, Fahrplan und Tarif.

Für die Sicherungseinrichtungen der neuen Linie ist das selbsttätige System gewählt worden, das eine dichtere Zugfolge gestattet.

Die neue Strecke wird der bestehenden West-Stadt-Linie betrieblich in der Weise angegliedert, dass die seither am Spittelmarkt endigenden Züge bis zum Alexanderplatz oder zum Nordring weitergeführt werden. Der erste Frühzug wird den Bahnhof Nordring etwa 5:20 Uhr vormittags verlassen, der letzte Spätzug gegen 1:30 Uhr nachts dort ankommen. Die Fahrzeit zwischen Spittelmarkt und Alexanderplatz wird 5 Minuten, zwischen Alexanderplatz und Nordring 7 Minuten, im ganzen also 12 Minuten betragen.

Abb. 86. Stellwerk im Untergrundbahnhof Alexanderplatz. Das Transparent zeigt an, welche Gleise von Zügen besetzt sind.

Die unlängst erfolgte Tarifermäßigung, die u. a. darin besteht, dass jetzt für 10 Pf. fünf Bahnhofsabschnitte (anstatt wie früher vier) gefahren werden können, kommt der neuen Linie im besonderen Maße zustatten. Man fährt beispielsweise von Bahnhof Danziger Straße, bei dem sich verschiedene wichtige Straßenzüge des Nordens kreuzen, und von wo aus voraussichtlich ein starker Zugangsverkehr zu der neuen Schnellbahnlinie stattfinden wird, für 10 Pf. bis Bahnhof Inselbrücke, also in die Innenstadt.

In der Übersicht auf der folgenden Seite sind die von den neuen Bahnhöfen ab geltenden Fahrpreise zusammengestellt.

Übersicht über die von den neuen Bahnhöfen ab geltenden Fahrpreise.

Neue Bahnhöfe	Die Fahrpreise betragen bis zum Bahnhof:			
Inselbrücke	Leipziger Platz	Nollendorfplatz Hallesches Tor	Bismarckstr. Hauptstr.	Stadion
Klosterstr.	Kaiserhof	Bülowstr.	Knie Stadtpark	Stadion
Alexanderpl.	Friedrichstr.	Gleisdreieck	Zoologischer Garten Bayrischer Platz	Reichskanzlerplatz
Schönh. Tor	Hausvogteiplatz	Leipziger Platz	Wittenbergplatz Viktoria-Luise-Platz	Kaiserdamm
Senefelderpl.	Spittelmarkt	Kaiserhof	Nollendorfplatz	Wilhelmplatz Sophie-Charl.-Platz
Danziger Str.	Inselbrücke	Friedrichstr.	Bülowstr.	Bismarckstr. Hauptstr.
Nordring	Klosterstr.	Hausvogteiplatz	Gleisdreieck	Knie Stadtpark
3. Wagenklasse	**10** Pf.	**15** (10) Pf.	**20** (15) Pf.	**25** (20) Pf.
2. Wagenklasse	**15** Pf.	**20** (15) Pf.	**30** (20) Pf.	**35** (25) Pf.

Die ermäßigten Fahrpreise im Frühverkehr sind in ( ) beigefügt.

Entwicklung des Bahnnetzes.

Eröffnungsjahr	Linien der Hochbahngesellschaft	Streckenlängen	
		einzeln	zusammen
1902	Stammstrecke Warschauer Brücke—Knie	11,2 km	11,2 km
1906	Knie—Wilhelmplatz	1,4 ,,	12,6 ,,
1908	Westendlinie (Bismarckstraße—Reichskanzlerplatz) . . .	2,8 ,,	17,8 ,,
	Leipziger Platz—Spittelmarkt	2,4 ,,	
1913	Spittelmarkt—Alexanderplatz—Nordring	5,0 ,,	
	Reichskanzlerplatz—Stadion †)	1,8 ,,	27,4 ,,
	Wittenbergplatz—Nürnberger Platz und		
	Wittenbergplatz—Uhlandstraße	2,8 ,,	
1915	Gleisdreieck—Wittenbergplatz	1,7 ,,	29,1 ,,
1916	Klosterstraße—Frankfurter Allee	4,4 ,,	33,5 ,,

Hierzu treten folgende, Städten und Gemeinden gehörige Linien, deren Betrieb die Hochbahngesellschaft führt:

1910	Schöneberger Bahn (Nollendorfplatz—Hauptstraße)	2,9 km
1913	Wilmersdorfer Bahn (Nürnberger Platz—Rastatter Platz)	4,4 ,,
	Dahlemer Bahn (Rastatter Platz—Thielplatz)	2,8 ,,
		Zus. 10,1 km

†) Nur bei sportlichen Veranstaltungen im Betrieb.

Die Strecke Leipziger Platz – Nordring

Architekt: Alfred Grenander

↑ Abb. 87. Querschnitt durch den Bahnhof Spittelmarkt.

Abb. 88. Eingang zum Untergrundbahnhof Kaiserhof auf dem Wilhelmplatz.

Abb. 89. Vorhalle mit Majoliken aus den kgl. Werkstätten in Cadinen.

Kaiserhof

Der Eingang liegt in den Schmuckanlagen des Wilhelmplatzes. Die Eingangsöffnung wurde, da die örtlichen Verhältnisse es hier erlaubten, zu einem größeren Oval erweitert, das durch eine mit leichten Ornamenten belebte Pergola abgeschlossen wurde. Mit den Blumenranken, die aus dem Grün emporwachsen, bildet dieser Eingang einen bemerkenswerten Schmuck des Platzes.

Wie der Eingang, so ist auch der Vorraum zum Bahnhof bevorzugt ausgebildet. Wände und Decken sind mit reichfarbigen Fliesen und Majoliken ausgekleidet, die aus den Cadiner Werkstätten stammen.

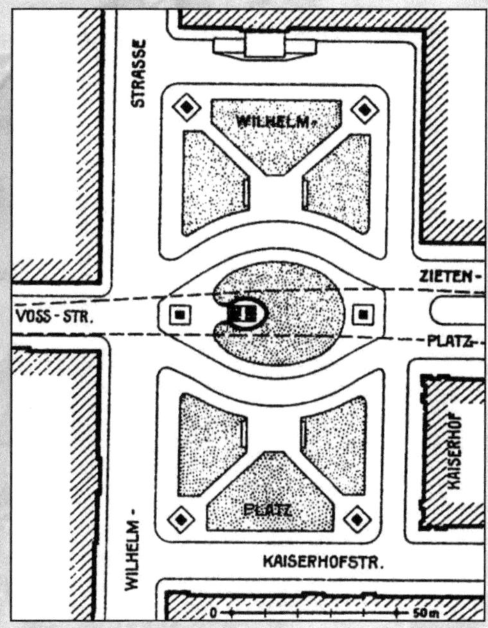

Abb. 90.

Abb. 91. Untergrundbahnhof Kaiserhof – Treppenaufgang zum Wilhelmplatz.

Inselbrücke

Der Bahnhof liegt nahe der Spree in der Rampensenkung, die die Untertunnelung der Spree vorbereitet. Die tiefere Absenkung der Bahn in den Straßenkörper ermöglichte eine größere lichte Höhe des Bahnhofsraumes, die willkommene Gelegenheit zu einer abweichenden Deckengestaltung bot. Anstelle der ebenen Trägerdecke ist hier ein Gewölbe nach der Form des Korbbogens ausgeführt worden. Die glasierte Verblendplatte, sonst nur das Material für die Wände, dehnt hier ihre Herrschaft über die ganze Gewölbefläche aus, wodurch die Bahnhofshalle in ihrer ungegliederten Gestaltung eine sehr einheitliche Wirkung erhält.

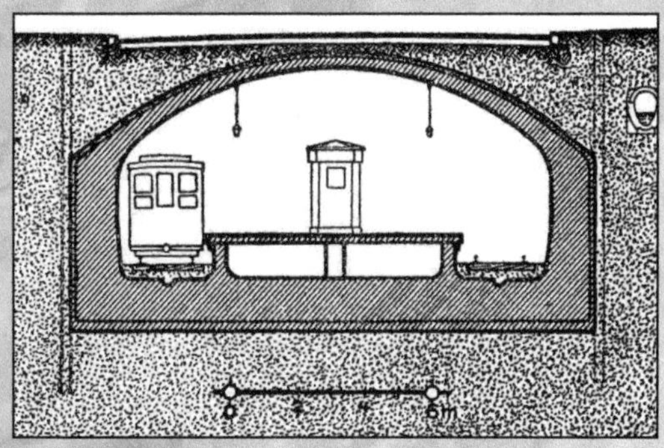

Abb. 92. Untergrundbahnhof Inselbrücke.

Abb. 93. Vorraum.

Abb. 94. Untergrundbahnhof Inselbrücke – Innenansicht.

Abb. 95. Untergrundbahnhof Inselbrücke – Treppe zum Vorraum.

Klosterstraße

Abb. 96. Untergrundbahnhof Klosterstraße – Treppe zum Vorraum.

Wie der Bahnhof Inselbrücke auf dem südlichen Spreeufer, so liegt der Bahnhof Klosterstraße auf dem nördlichen in größerer Tiefe unter der Straßenfläche. Der Abstieg zum Bahnsteig verteilt sich daher ebenso wie dort auf zwei Treppenanlagen, zwischen die ein größerer, wenn auch niedriger Vorraum eingeschaltet werden konnte, der sich im Hintergrund der *Abb. xx* zeigt.

Abb. 97.

Abb. 98. Untergrundbahnhof Klosterstraße – Vorraum.

Die Wände und Decken dieses nur 2,3 m hohen Vorraumes, der unmittelbar vor dem Eingange zu dem Monumentalbau des Berliner Stadthauses gelegen ist und daher eine bevorzugte Ausbildung erhalten hat, sind in seinem vorderen Teil mit Majoliken der Cadiner Werkstätten ausgekleidet. In dem hinter der Bahnsperre liegenden Teil sind die Wände mit den Plänen und Entwürfen solcher Stadtgebiete geschmückt, deren Besiedlung durch den Schnellverkehr gefördert oder erst ins Leben gerufen werden sollte.

Abb. 99.

Alexanderplatz

Abb. 100. Untergrundbahnhof Alexanderplatz.

Der Bedeutung des Bahnhofes entsprechend wurde der Treppenzugang in größerer Breite als sonst angelegt und durch ein hohes Steinportal betont.

Die außergewöhnliche Breite des Bahnsteiges ist darin begründet, dass er, wie die untere Skizze zeigt, später die Verbindungstreppe eines darunter herführenden Tiefbahnhofs aufnehmen soll.

Die Bahnhofshalle ist ein Beispiel dafür, welche Ausbildungsweise sich für die Untergrundbahnhöfe als Abschluss einer längeren Entwicklung ergeben hat. Sie ist bei allen neueren Tunnelbahnhöfen der Hochbahngesellschaft, mögen sie auch

Abb. 101. Untergrundbahnhof Alexanderplatz – Eingangsportal.

Abb. 102.

in der Grundform verschieden sein, gleichmäßig zur Ausführung gekommen. In die mit glasierten Verblendplatten ausgekleideten Wände sind in gleichmäßigen Abständen farbig umrahmte Tafeln für die Reklame eingelassen. Die Einweisung in bestimmt umgrenzte, planmäßig verteilte Flächen ist der erste Schritt, um die Bahnhofsreklame zu künstlerischer Wirkung zu bringen.

Abb. 103. Untergrundbahnhof Alexanderplatz – Schnitt mit Treppe zum Tiefbahnhof..

Dieselbe Grundfarbe, in der die glasierten Rahmen der Namensschilder und Reklametafeln gehalten sind, tragen auch die Eisenteile der Bahnhofshalle; die Farben wechseln von Bahnhof zu Bahnhof und erleichtern dem Fahrgast die Orientierung. Das einzige architektonische Motiv im Inneren des Bahnhofs bilden die Kapitäle der eisernen Säulen, die den Konflikt zwischen Last und Stütze vermitteln.

Abb. 104. Untergrundbahnhof Senefelderplatz – Eingangsportal.

Danziger Straße

Abb. 105. Hochbahnhof Danziger Straße.

Die Ausbildung dieses im Jahre 1913 eröffneten Bahnhofes ist wesentlich verschieden von den etwa ein Jahrzehnt früher erbauten Bahnhöfen in der Bülowstraße. Der Unterschied liegt zunächst im Aufbau selbst, weil bei den neueren Bahnhöfen, wie hier, statt der Seitenbahnsteige Mittelbahnsteige angeordnet sind. Dann aber zeigt ein Vergleich das sichtliche Bestreben, die Architekturformen auf ein Mindestmaß zu beschränken.

Die Treppenläufe beginnen unter den beiderseitigen Fahrbahnen und vereinigen sich dann zu einem Mittellauf, der auf den Bahnsteig hinauf führt.

Abb. 106. Hochbahnhof Danziger Straße.

Abb. 107.

Abb. 108. Hochbahnhof Danziger Straße – Treppenaufgänge.

Abb. 109.

Abb. 110. Hochbahnhof Danziger Straße – Innenansicht.

Abb. 111.

Hochbahnviadukt in der
Schönhauser Allee

Das bei den Viadukten in der Bülowstraße festgelegte System ist hier in den großen Linien festgehalten, in der Einzelausbildung aber vereinfacht; namentlich ist durch die Verwendung vollwandiger Träger anstelle der Gitterträger eine größere Geschlossenheit der Wirkung erreicht.

Abb. 112. Hochbahnviadukt in der Schönhauser Allee.

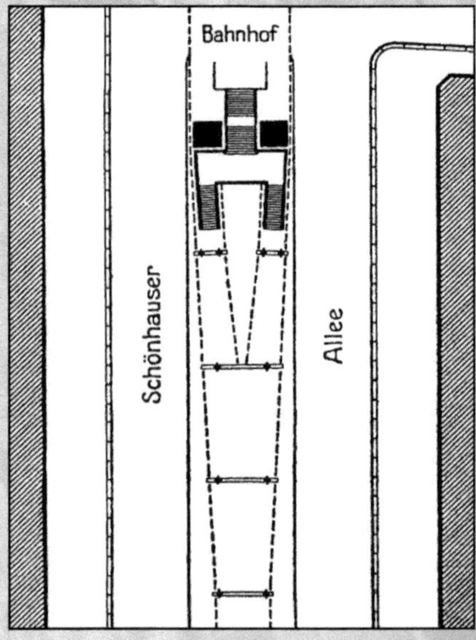

Abb. 113. Verbreiterter Viadukt vor Hochbahnhöfen mit Mittelbahnsteig.

Der zweigleisige Viadukt muss vor den Bahnhöfen allmählich auseinandergezogen werden, damit in der Bahnhofshalle zwischen den Gleisen der Raum für den breiten Mittelbahnsteig gewonnen wird.

Alle dekorativen Schmuckformen sind weggelassen; die Nutzform selbst kommt zu künstlerischer Wirkung. Die tragenden Portale haben eine den statischen Verhältnissen entsprechende Umrisslinie erhalten, die nach dem Bahnhof zu immer weiter ausladet.　　Abb. 114.

Abb. 115. Straßenüberbrückung in der Schönhauser Allee.

Abb. 116. Hochbahnviadukt in der Schönhauser Allee.

J. H. M. Poppe • M. Geitel • Guido Sautter • R. Hennig
Geflügelte Worte
Beiträge zur Geschichte der optischen Telegrafie
Gegen Ende des 18. Jahrhunderts wurden die ersten optischen Telegrafenlinien eingerichtet, auf denen Nachrichten dann mehrere Hundert Kilometer innerhalb weniger Minuten zurücklegten. Ausgehend von Paris erbaute Claude Chappe ein Netz aus Signaltürmen, dass bis nach Mainz reichte. Auch in England, Schweden, Dänemark sowie Russland entstanden ausgedehnte Telegrafenanlagen und in Deutschland eine Verbindung zwischen Berlin und Koblenz.
• ISBN 978-3-7693-5322-8

G. Dieterich • F. Ržiha • J. Leupold • A. Hohenstein • A. Lämmerhirt
Die Erfindung der Drahtseilbahnen
Eine Studie aus der Entwicklungsgeschichte des Ingenieurwesens
Während Seilbahnen im ostasiatischen Raum schon recht früh zum Einsatz kamen, wurden in Europa erst ab dem späten Mittelalter vereinzelte Anlagen erbaut. Ausgehend von der Entwicklung von Seileriesen für den Holz-Transport begann dann um 1870 die systematische Konstruktion von Seilbahnen. Gustav Dieterich schildert die Geschichte der Seilbahnen von den Anfängen bis zum ›System Bleichert‹, und so bietet diese erweiterte und reichhaltig illustrierte Neuausgabe einen umfassenden Überblick über die Erfindung der Drahtseilbahnen.
• ISBN 978-3-7693-4011-2

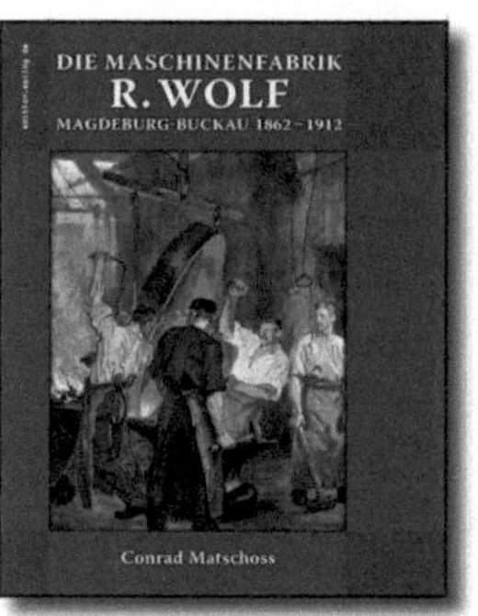

Conrad Matschoss
Die Maschinenfabrik R. Wolf Magdeburg-Buckau 1862 – 1912
Die Lebensgeschichte des Begründers und die Entwicklung der Werke
Die Geschichte der Firma R. Wolf steht beispielhaft für den Aufstieg der deutschen Maschinenindustrie in der zweiten Hälfte des 19. Jahrhunderts. Die Lebensgeschichte des Begründers lässt besonders deutlich erkennen, wie technisches Können, vereint mit kaufmännischer und organisatorischer Begabung letzten Endes die Triebkräfte sind, die alle Schwierigkeiten überwinden. Der Technikhistoriker Conrad Matschoss verfasste diese Denkschrift zum 50-jährigen Bestehen der Maschinenfabrik R. Wolf und schuf damit ein ausführliches und mit über 150 Abbildungen illustriertes Zeitdokument der Industriegeschichte.   **• ISBN 978-3-7597-2237-9**

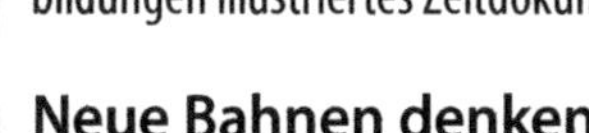

Neue Bahnen denken
Alternative Schienenverkehrskonzepte im 19. Jahrhundert
Die Aufbruchstimmung und der technische Fortschritt im 19. Jahrhundert führten zu immer neuen Erfindungen, die den Verkehr beschleunigen und die Antriebe optimieren sollten. Dabei wurde oft das System von mit Dampflokomotiven bespannten Zügen auf zwei Schienen grundlegend in Frage gestellt. Manche dieser Ideen sind heute wieder aktuell, und so lohnt sich ein unverfälschter Blick auf dieses interessante Kapitel der Verkehrsgeschichte.
• ISBN 978-3-7583-7184-4

Friedrich Schultheis • Alexander Marx
Der Bau des Ludwigs-Kanal zwischen Main und Donau 1836 bis 1846

Mit dem Ludwigs-Main-Donau-Kanal gelang es, die Europäische Wasserscheide zu überwinden und eine schiffbare Verbindung von der Nordsee zum Schwarzen Meer schaffen. Innerhalb von zehn Jahren wurden 100 Schleusen, über 70 Dämme sowie zahlreichen Brücken und Brückenkanäle errichtet. Friedrich Schultheis schildert hier detailreich den Fortgang der Bauarbeiten von den ersten Planungen bis zur Einweihung im Juli 1846. 26 Doppelseitige Illustrationen von Alexander Marx geben einen Eindruck von diesem Meisterwerk der Technikgeschichte.

• ISBN 978-3-7386-4028-1

Der Umbau des Anhalter Bahnhof und die Berlin-Anhalter Eisenbahn

Am 15. Juni 1880 wurde das neue Empfangsgebäude der Berlin-Anhalter Eisenbahn am Askanischer Platz dem Verkehr übergeben. Doch die Eröffnung des imposanten Bauwerks von Franz Schwechten war nur eine Etappe des 1871 begonnenen Umbaus des Anhalter Bahnhof in Berlin. Auf einer Länge von 5 km wurden neben dem Personenbahnhof ein Güterbahnhof, Werkstätten, Aufstell- und Verschiebegleise und viele weitere Anlagen neu errichtet. In zeitgenössischen Originaltexten werden die Anfänge der Berlin-Anhalter Eisenbahn, der Umbau des Bahnhofs und die Architektur der Gebäude geschildert. Zahlreiche Fotos und Zeichnungen illustrieren dieses Zeitdokument der Berliner Verkehrs- und Architekturgeschichte. **• ISBN 978-3-7431-9651-3**

Hans Dominik
Denkende Maschinen
Technische Plaudereien und Betrachtungen

Der Ingenieur Hans Dominik (1872 – 1945) ist vor allem durch seine technisch-utopischen Romane bekanntgeworden. Dominik war aber in erster Linie Wissenschaftsjournalist und verfasste zahlreiche populärwissenschaftliche Beiträge für verschiedene Zeitschriften und Tageszeitungen. Dabei brachte er im lockeren Plauderton dem interessierten Laien wissenschaftliche Grundlagen und neue technische Errungenschaften näher. Dieses Buch versammelt eine repräsentative Auswahl seiner wissenschaftlichen und technischen Plaudereien.

• ISBN 978-3-7597-8354-7

Walter Körte • Jacobus van Ronzelen
Vom Bau der Leuchttürme Roter Sand und Hohe Weg

Mitten im Watt entstand 1854 – 56 der Leuchtturm auf der Sandbank ›Hohe Weg‹. 30 Jahre später wurde dann am ›Roter Sand‹ das erste Offshore-Bauwerk der Welt errichtet. Hier schildern die verantwortlichen Baumeister aus erster Hand, wie sie noch nie dagewesene Herausforderungen meistern mussten und den Launen der Nordsee getrotzt haben.

• ISBN 978-3-7519-2217-3